压水堆核电站运行

主　编　李伟哲　潘宏刚　李　凡
副主编　杨　硕　覃国秀　张旭光
主　审　张小辉

东北大学出版社
·沈　阳·

图书在版编目（CIP）数据

压水堆核电站运行 / 李伟哲，潘宏刚，李凡主编. 沈阳 ：东北大学出版社，2024. 10. -- ISBN 978-7-5517-3683-1

Ⅰ. TM623. 91

中国国家版本馆 CIP 数据核字第 2024R8B015 号

出 版 者：东北大学出版社
地址：沈阳市和平区文化路三号巷 11 号
邮编：110819
电话：024-83683655（总编室）
024-83687331（营销部）
网址：http://press.neu.edu.cn
印 刷 者：辽宁一诺广告印务有限公司
发 行 者：东北大学出版社
幅面尺寸：185 mm×260 mm
印 张：11. 75
字 数：264 千字
出版时间：2024 年 10 月第 1 版
印刷时间：2024 年 10 月第 1 次印刷
策划编辑：薛璐璐
责任编辑：白松艳
责任校对：项 阳
封面设计：潘正一
责任出版：初 茗

ISBN 978-7-5517-3683-1 定 价：59. 00 元

前 言

沈阳工程学院核工程与核技术专业是辽宁省唯一一个培养核工程本科人才的专业。在国际工程教育认证、一流专业建设、应用型院校转型的大背景下，如何培养高水平工程技术人才是当前研究的主要方向，编写适用于实践教学课程及教学环节的教材是保证人才培养质量的一个重要因素。本教材适用于核工程与核技术专业设置的压水堆核电站仿真机操作类试验、实训、实习等实践课程与实践环节。教材介绍了压水堆核电站正常启动与停闭的过程以及运行过程中需要注意的主要问题，并通过实践举例深入解释说明。

教材内容以压水堆为介绍对象，参考了我国在役运行的多种二代加和三代技术，其中二代加以 M310，CNP600，CPR1000 等技术为主，三代以 AP1000，CAP1000，ACPR1000 等技术为主，实践举例以 M310 仿真机为主。

教材理论部分的编写由李伟哲负责，课程思政部分的编写由潘宏刚负责，实践部分的编写由李凡负责，杨硕负责有关汽轮机辅助系统内容的修订与编写，覃国秀负责有关核电站运行内容的修订与编写，核工业二四〇研究所张旭光负责有关辐射监测内容的修订和编写。

本教材的编写具有以下特点：

其一，针对压水堆核电站运行过程中比较重要的操作，通过实践举例，将理论与实践相结合，更好地解释理论知识，因此本教材适用于实践课程。

其二，针对实践举例中的主要步骤，通过分析知识点，将实践与理论再关联，在说明如何操作的基础上，解释为何操作的问题。

其三，响应教育部建设课程思政的号召，针对实践举例，融入思政元素。在讲解理论知识、工程实践的同时，灌输利用科学的思维、发展的思维、发散的思维去思考问题、解决问题。

由于编者的能力有限，教材还有很大的改进空间，如有不足和需要改进之处，恳请各位同人批评指正，欢迎大家来信、来电与编者沟通交流或深入合作。

编 者

2024 年 6 月

目 录

第1章　绪　论

核电站的能量来源于原子能，即核能。核能的产生主要通过两种方式——核聚变与核裂变。核聚变是通过原子核的结合来释放能量，核裂变则是通过原子核的分裂来释放能量。核电站就是利用原子核的裂变来产生能量的电站。

核电站的能量是在一个叫作反应堆的设备中产生的。在反应堆内，裂变反应通过中子撞击原子核实现。原子核按照物理特性，可以分为易裂变核、可裂变核和不可裂变核。易裂变核的裂变反应可以由任意能量的中子轰击原子核引发，可裂变核的裂变反应需要由一定能量的中子轰击原子核引发。因此，按照引起裂变的中子能量，反应堆可分为快中子堆和热中子堆，即快堆和热堆。热堆技术是全球普遍采用的核反应堆技术。

热堆技术的一个关键问题是中子的慢化。热堆和快堆最核心的区别是：热堆需要将中子慢化到一定的能量才能引起原子核的裂变，也就是说，热堆需要慢化剂，而快堆不需要。按照所利用慢化剂的种类，热堆可以分为轻水堆、重水堆和石墨堆。

解决慢化的问题之后，另一个重要的问题就是反应堆的冷却，即如何将反应堆产生的能量传递出来。不论是快堆还是热堆，都需要冷却剂。按照所利用冷却剂的种类，反应堆可以分为水冷堆、气冷堆、液态金属堆和熔盐堆。目前，对于快堆，研究最多的是利用液态金属和熔盐进行冷却；对于采用石墨进行慢化的热堆，研究最多的是利用惰性气体进行冷却，气冷堆的应用并不多，我国山东石岛湾核电站正在进行这方面的研究，并建设了高温气冷示范堆；对于采用轻水和重水进行慢化的热堆，水本身就是一种比较理想的冷却剂。因此，水冷堆技术是当前全球采用最多的反应堆技术。

核反应堆技术发展到现在，一共经历了四代技术的更新。当前我国普遍采用的核电技术属于二代加和三代技术。国内早期建设的核电站采用的都是二代加技术，如广东大亚湾核电站、浙江秦山核电站等。近些年随着三代技术的更新，国内新建的核电机组采用的都是三代技术，如浙江三门核电站、山东海阳核电站、辽宁红沿河核电站等。另外，我国还有两台机组采用四代反应堆技术，即中国原子能科学研究院的实验快堆和山东石岛湾核电站的高温气冷堆。

水冷堆可以分为轻水堆和重水堆，轻水堆又可以分为压水堆和沸水堆。压水堆和沸水堆的主要区别在于反应堆内水的状态。对于压水堆而言，需要保持水处于液态，因此需要保持一定的压力；对于沸水堆而言，允许水在反应堆内蒸发成水蒸气，因此对汽轮机及二回路具有一定的辐射危害。重水堆技术应用较多的国家是加拿大，我国秦山核电站也有一座重水堆机组 CANDU6。沸水堆技术应用较多的国家是日本。压水堆技术是全球应用最为广泛的反应堆技术，法国压水堆核电发电量占其全国总发电量比例全球最高；美国压水堆核电机组数全球最多；中国压水堆核电技术发展速度全球最快。

压水堆技术根据其系统结构、运行参数等设计理念的不同，可分为多种类型及型号。国内，广东大亚湾核电站采用的是法国法马通公司设计的二代加 900 兆瓦压水堆核电技术 M310；广东岭澳核电站采用的是法国法马通公司的 M310 技术及中国广核集团有限公司(以下简称中广核集团)在 M310 基础上开发的百万千瓦级压水堆核电技术 CPR1000；广东阳江核电站采用的是 CPR1000 技术，以及中广核集团在此基础上开发的拥有自主知识产权的三代百万千瓦级核电技术 ACPR1000；广东台山核电站主要采用的是法国法马通公司和德国西门子公司联合开发的欧洲三代 EPR 技术；浙江秦山一期核电站采用的是中国核工业集团有限公司(以下简称中核集团)自主设计、建造和运营的第一座二代 30 万千瓦压水堆技术 CNP300，秦山二期核电站采用的是 CNP600 技术；山东海阳核电站及浙江三门核电站采用的是美国西屋电气公司设计的三代非能动压水堆技术 AP1000；浙江方家山核电站采用的是中核集团自主设计的三代百万千瓦级压水堆核电技术 CNP1000；江苏田湾核电站采用的是俄罗斯二代 VVER1000 技术，其以 AES-91 和 AES-92 两种堆型为基础，现已更新到第三代 VVER1200 技术；福建福清核电站采用的是中核集团与中广核集团联合开发设计的华龙一号三代技术。福岛核事故后，中核集团对 CNP1000 技术进行了更新改进并更名为 ACP1000，中广核集团对 ACPR1000 技术进行了补充完善并更名为 ACPR1000+。2013 年，中核集团和中广核集团联合开发设计了华龙一号核电技术，取名 HPR1000①。

我国在核电技术的研究方向上取得了很大的成就。国内很多科研院所及企事业单位在压水堆、快堆、高温气冷堆、聚变堆等技术方面开展了大量的研究，其中研究最多、效果最为显著的就是压水堆技术。国内在役的压水堆核电站以二代加技术为主，同时有一定数量的三代机组，而在建和筹建的压水堆核电站则都采用三代技术。三代压水堆技术与二代加技术相比，在参数设计及系统构成等方面都有了很大的改动，但是核电站运行的基本原理与主要过程并没有太大变动，只是在核电站运行过程中的操作细节上有一定的不同。

我国海南、广东、广西、福建、浙江、江苏、山东、辽宁等省和自治区建有核电机组。其中，辽宁红沿河核电站是辽宁省以及东北地区首座核电站，一期建有 4 台机组，采用的是 CPR1000 压水堆技术；二期建有 2 台机组，采用的是 ACPR1000 压水堆技术。另外，辽宁徐大堡核电站的 4 台机组也在建设过程中。其中，2 台采用俄罗斯的压水堆技术 VVER1200(AES-2006)，2 台采用美国的 AP1000 压水堆技术。上述核电机组所采用的技术除 CPR1000 是二代加技术外，其余均为三代技术。

---

① 见附录 2 课程思政内涵释义表第 26 项。

第 2 章　一回路冷却剂系统

反应堆冷却剂系统，也称一回路冷却剂系统、主冷却剂系统等，其主要功能是将反应堆堆芯中核裂变产生的热能通过蒸汽发生器(SG)传递给二回路的水，使其转化成饱和蒸汽，送往汽轮发电机组产生电能送入电网；同时冷却堆芯，防止燃料元件损坏或烧毁。二代加技术缩写 RCP 代表一回路冷却剂系统，三代技术缩写 RCS 代表一回路冷却剂系统。(本书所指的二代加技术以 M310，CNP600，CPR1000 等为主，三代技术以 AP1000，ACPR1000 等为主。)

2.1　二代加 RCP

典型的二代加技术有 3 个环路。RCP 主要由 1 个反应堆、1 个稳压器、3 台主冷却剂泵(也称主泵)和 3 台 SG 组成。反应堆与 1 台主泵和 1 台 SG 组成的闭合环路称为 1 个环路。另外，稳压器所在环路定为 1 号环路。每个环路中，反应堆冷却剂出口和 SG 冷却剂入口之间的管道称为热管段(热段)，主泵和反应堆冷却剂入口之间的管道称为冷管段(冷段)，SG 冷却剂出口与主泵间的管道称为过渡段。RCP 的主要参数见表 2.1。

表 2.1　RCP 主要参数

参数/单位	数值	参数/单位	数值
系统额定热功率/MW	2905	满功率时反应堆进口温度/℃	292.70
堆芯额定热功率/MW	2895	满功率时反应堆出口温度/℃	327.30
汽轮发电机组额定电功率/MW	983.80	满功率时冷却剂平均温度/℃	310.00
核电站效率	34%	零功率时冷却剂平均温度/℃	291.40
额定流量(冷态)/($m^3 \cdot h^{-1}$)	3×23790	工作压力/MPa	15.50
系统总容积/m^3	283	设计压力/MPa	17.23
设计温度/℃	343	水压试验压力/MPa	22.90

2.1.1 温度测量

RCP 的温度测量包含两种方式：一种是用于指示的宽量程温度测量，另一种是用于控制和保护的窄量程温度测量。两种温度仪表布置方式如图 2.1 所示。

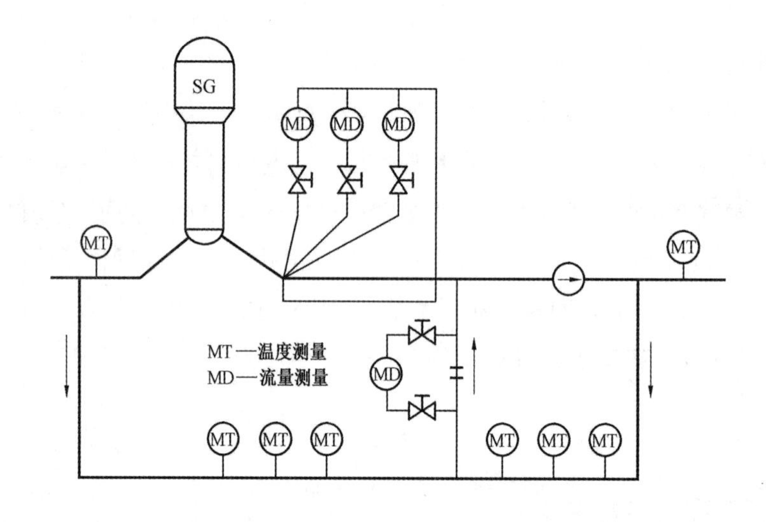

图 2.1 RCP 温度仪表布置方式

宽量程温度测量采用的是热电阻温度计。仪表置于伸入一回路冷却剂管道套管内。每个环路的热管段和冷管段分别设有一个测点，由于仪表不与冷却剂直接接触，因此测量时会有一定的时间延迟，测量信号送至主控室进行记录，仅用于监测启堆、停堆瞬态或反应堆冷却剂主泵跳闸时温度的变化。量程为 0~350 ℃。

窄量程温度测量采用的也是热电阻温度计。仪表置于冷却剂主管道的旁路管线上。采用直浸式热电阻温度仪表，在每个环路热管段和冷管段分别将一部分冷却剂引到旁路管线来测量其温度。

每个环路的热管段上的取样点是用 3 个互成 120°的取样管嘴在管道的同一截面上伸入到冷却剂流道中，3 个管嘴的采样水混合在一起流入测温旁路，这样可代表热管段的水温。

在每个环路的冷管段上从主泵出口端取样，由于泵出口的涡流使水温均匀混合，所以只需用一个取样管嘴就能取得有代表性的冷管段的水温。

从热段和冷段引来的两条旁路管线都连接到一条公共返回管线上，使旁路冷却剂返回到主管道的过渡管段(SG 与主泵之间)。在返回管线上设有流量测量计，以监测旁路管线是否有足够的流量。

测量热段温度的仪表量程为 275~345 ℃，测量冷段温度的仪表量程为 265~335 ℃。

2.1.2 流量测量

在每个 SG 出口管道上设置 3 个弯管流量计，由于离心力的作用，弯管外径与内径处存在压差ΔP，它与冷却剂流量 Q 的平方成正比。因此，通过测量ΔP 可推算出环路相对流量(额定流量的百分比)。在弯管的外径处有 1 个高压侧接口，在内径处有 3 个低压侧接口，连接 3 个流量测量压差计。

2.1.3 压力测量

在 RCP 和余热排出系统(RRA)连接管线的入口处设有压力测量传感器，均为宽量程，量程为 0~20.0 MPa，在一回路启动和停堆的单相阶段，用来对反应堆冷却剂压力进行控制，并在 RCP 压力高于 2.7 MPa 时闭锁 RRA 入口隔离阀，以免 RRA 超压。当稳压器建立汽腔之后，RCP 的压力测量信号由稳压器的压力测量传感器给出，量程为 11.0~18.0 MPa。

2.1.4 水位测量

在正常热态运行工况下，反应堆压力容器和冷却剂管道均充满水，RCP 的水位等于稳压器水位。

当一回路发生失水事故后，以及在核电站大修期间压力容器正常充排水时，利用 4 个压力容器水位测量计监测堆芯淹没情况。

在维修冷停堆或换料冷停堆阶段，RCP 向大气敞开，其压力等于大气压，这时 RCP 水位可通过目视水位指示器直接读出。

在 3 号环路热管段装有超声波水位测量装置，用以测量环路水位。

2.1.5 泄漏探测

(1)定量泄漏

如果设计中将泄漏的冷却剂收集或引导到 1 台标识容器中(安全壳地坑除外)，且流入容器的总流量被测定，就认为是定量泄漏。通过依次改变各阀门的状态并观察相应收集箱中液位的改变，可确定泄漏位置及其泄漏率。

(2)非定量泄漏

非定量泄漏就是泄漏位置没有被发现，或虽已找到泄漏部位但其流量率仍未知的泄漏。通过硼酸晶粒、蒸汽喷射或小水滴的出现可确定泄漏位置，利用安全壳地坑水位变化和安全壳内大气的氚计数可粗略估计泄漏率。

◆◇ 2.2　三代 RCS

RCS 包括反应堆冷却剂主环路管道、SG 一次侧、冷却剂泵、稳压器、稳压器喷淋管线、稳压器安全阀和相连的支管、排汽管路、阀门和用于运行控制及安全触发的仪表。RCS 由 2 条环路组成，每条环路包括 1 台 SG、2 台冷却剂泵，以及 1 根冷却剂主管道热管段、2 根冷管段。另外，RCS 还包括自动卸压系统(ADS)。RCS 的主要参数见表 2.2。

表 2.2　RCS 主要参数

参数/单位	数值	参数/单位	数值
核蒸汽供应系统功率/MW	2905	满功率时反应堆进口温度/℃	281.0
设计寿命/年	60	满功率时反应堆出口温度/℃	321.0
热段流量/($m^3\cdot h^{-1}$)	40325	零功率时冷却剂平均温度/℃	291.7
冷段流量/($m^3\cdot h^{-1}$)	17876	工作压力/MPa	15.4
系统总容积/m^3	299	设计压力/MPa	17.1
给水温度/℃	226.70	设计温度/℃	343.0

2.2.1　温度测量

在 RCS 的每个冷段设有 1 个宽量程热电阻温度计，共计 4 个，主要用于在主控室指示温度；在 RCS 的每个热段设有 1 个宽量程热电阻温度计，共计 2 个，主要用于在主控室指示温度；在 RCS 的每个冷段设有 3 个窄量程热电阻温度计，共计 12 个，主要用于提供超温 ΔT 紧急停堆、超功率 ΔT 紧急停堆、安全驱动信号等保护功能，均采用2/4 逻辑；在 RCS 的每个热段设有 6 个窄量程热电阻温度计，共计 12 个，主要用于产生热管温度高信号，与 SG 水位低信号符合后产生堆芯补水箱注入信号。

另外，在 RCS 热段设有 2 个热电阻温度计用于向多样化驱动系统(DAS)提供输入信号；在压力容器顶端排气管线设有 2 个热电阻温度计，分别位于两条并联的排气管线上；在 PRHR 返回管线上设有 1 个热电阻温度计、在 ADS 排放管线合计设有 10 个热电阻温度计、在安全阀排放管线上设有 2 个热电阻温度计，用于主控显示和生成报警、提醒主控操纵员。

2.2.2　流量测量

RCS 使用差压流量计来测量热段流量，每个环路热段包含 4 个流量计，用于产生环路流量低停堆信号。

2.2.3 压力测量

RCS 设置了 4 个宽量程压力表，每个压力表与 1 个正常余热排出系统(RNS)入口阀联锁，避免在一回路压力高于设定压力时 RNS 入口阀误开启，防止 ADS 系统第 4 级阀门在一回路压力下降到 6.9 MPa 之前误开启。

2.2.4 水位测量

RCS 每个热段设有 1 个水位计，共 2 个。水位计的一端设置在热管段底部，另一端设置在热管段顶部。主要用于在半管运行时监测一回路水位。

2.3 对 比

二代加技术对一回路冷却剂系统的功能依据主要功能和辅助功能进行描述，三代技术则依据安全相关和非安全相关进行描述。

但是，在结构设计上，两种技术在环路数、冷热段设计、SG 和主泵的数量等方面都有所不同，详细对比可见表 2.3。除此之外，RCS 还设有 ADS。另外，通过表 2.1 和表 2.2 可以看出，两种技术在运行参数方面也有很大差别。

表 2.3 两种技术一回路冷却剂系统对比 单位：个

技术	环路	冷段	热段	SG	主泵
RCP	3	3	3	3	3
RCS	2	4	2	2	4

第 3 章　一回路辅助系统

一回路辅助系统的主要功能是保证压水堆核电站正常运行时一回路冷却剂流经系统的安全。二代加的压水堆技术主要包括化学与容积控制系统(RCV)、硼和水补给系统(REA)、RRA、设备冷却水系统(RRI)、反应堆水池与乏燃料水池冷却和处理系统(PTR)以及重要厂用水系统(SEC)等，三代的压水堆技术主要包括化学与容积控制系统(CVS)、RNS、设备冷却水系统(CCS)、乏燃料池冷却系统(SFS)、厂用水系统(SWS)、一回路取样系统(PSS)。下文中 RCV，CVS 等简称化容系统。

3.1　二代加 RCV，REA 与三代 CVS

3.1.1　二代加 RCV

3.1.1.1　系统的功能

系统功能可以分为主要功能、辅助功能和安全功能，其中主要功能又可分为容积控制功能、化学控制功能以及反应性控制功能。

(1)主要功能①

① 容积控制。容积控制的目的是调节稳压器不能完全吸收的一回路水容积的变化，从而将稳压器的液位维持在整定值上。

② 化学控制。化学控制的目的是清除水内悬浮杂质，将一回路水的化学及放射性指标维持在规定的范围以内，将一回路所有部件的腐蚀控制在最低限度。

化学控制措施有以下几种：

第一，注入氢氧化锂以中和硼酸，使一回路冷却剂保持偏碱性。

第二，机组启动时向一回路冷却剂中注入联氨，以除去水中的氧。

$$N_2H_4+O_2 \rightarrow 2H_2O+N_2\uparrow$$

在正常运行时，通过向容控箱充入氢气的办法，使水中的氢达到一定的浓度，以抑

① 见附录 2 课程思政内涵释义表第 10 项、第 24 项。

制水辐照分解生成氧。

第三，使一回路冷却剂流经净化回路，过滤以除去水中的悬浮物，以离子交换树脂除去离子态杂质（除盐），控制一回路冷却剂的放射性指标。

需要指出的是，化学控制过程中要注意温度和压力之间的关系。

离子交换器中的离子交换树脂不能承受 60 ℃以上的温度。当下泄流水温超标时，三通阀 017VP 可以控制下泄流经旁路管线直泄容积控制箱，而不流经净化管线。

为避免汽化，降压只能在冷却之后进行，即在每个冷却阶段之后进行一次降压。

③ 反应性控制。反应性控制主要是控制一回路冷却剂的硼浓度，通过调节一回路水的硼浓度，补偿堆芯反应性的缓慢变化。

其目的是通过调整回路冷却剂的硼浓度来补偿由燃耗和毒物（^{135}Xe 和 ^{149}Sm）带来的负反应性，并且控制轴向功率偏差 ΔI，控制 R 棒棒位在调节带内，以保证停堆深度。

控制措施包括加硼、稀释和除硼。

（2）辅助功能①

为主冷却剂泵提供轴封水；为稳压器提供辅助喷淋水；一回路处于单相时的压力控制；对一回路进行充水、排气和水压试验。

（3）安全功能②

在反应堆冷却剂系统发生小破口的情况下，化容系统能够维持其水装量。

3.1.1.2 系统的组成③

主要设备包括 3 台并联的上充泵（也可作为高压安注泵）、3 个并联的下泄孔板、1 个过剩下泄热交换器、1 个轴封回流热交换器、1 个再生式热交换器、1 个下泄热交换器、4 个吸附直径大于 5 μm 固体颗粒的过滤器、1 个过滤树脂碎粒的过滤器、2 台混合离子床、1 台除放射性铯的阳离子床、1 个容积控制箱。

主要阀门包括下泄控制阀（013VP）、离子床旁路阀（017VP）、三通阀（026VP）、上充流量调节阀（046VP）、卸压阀（201，203，214，114，384，252，224VP）。

3.1.1.3 系统的流程④

系统流程如图 3.1 所示。

① 见附录 2 课程思政内涵释义表第 3 项、第 11 项。

② 见附录 2 课程思政内涵释义表第 12 项。

③ 见附录 2 课程思政内涵释义表第 23 项。

④ 见附录 2 课程思政内涵释义表第 18 项。

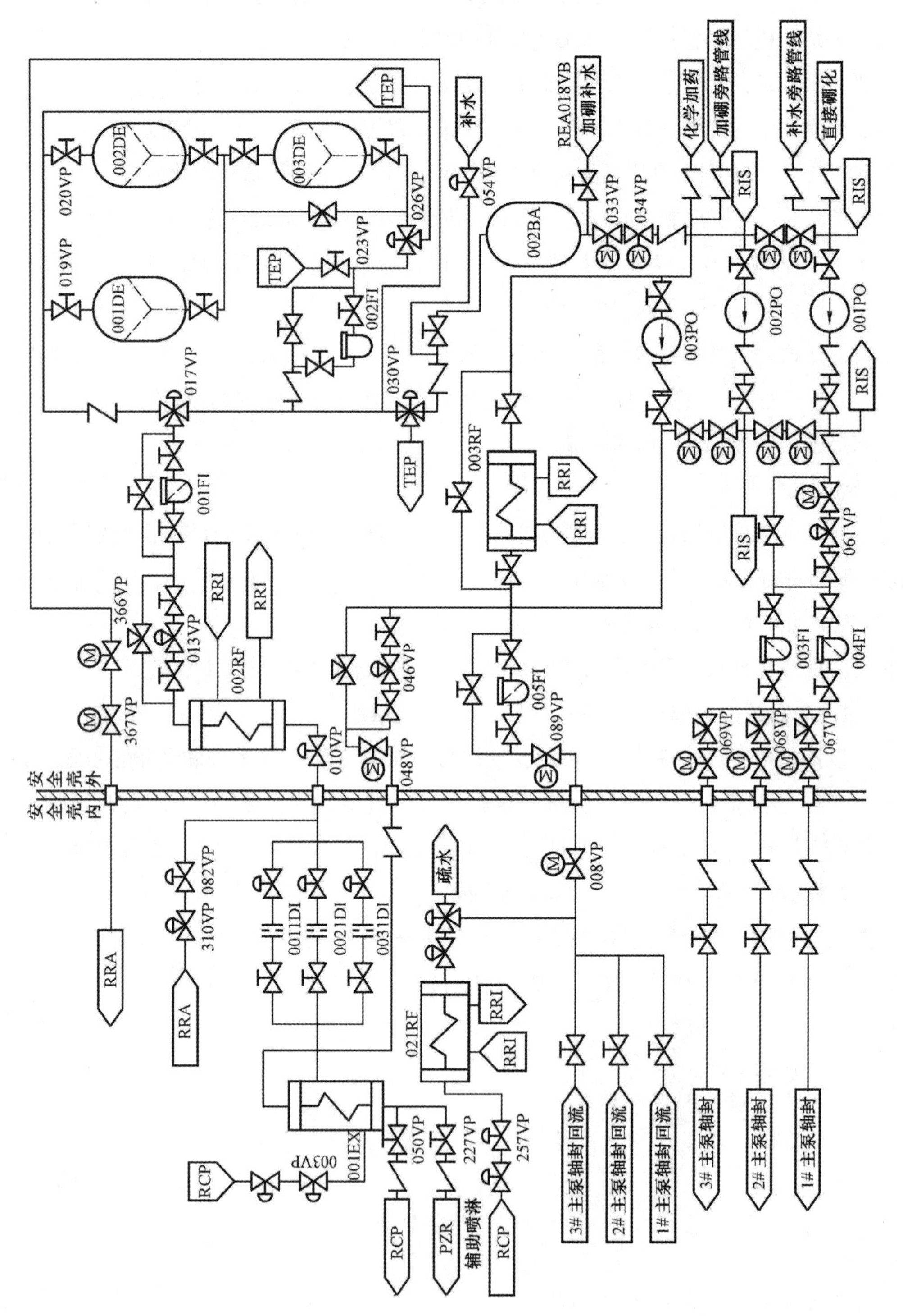

图3.1 RCV系统流程图

（1）下泄管线

正常稳态运行工况下，下泄流自一回路冷段引出，经过 002VP，003VP 两个气动隔离阀进入再生式热交换器壳侧。下泄流再经 3 组并联的降压孔板，使下泄流降压。下泄管线经贯穿件出反应堆厂房后进入核辅助厂房（NAB）。下泄流经气动隔离阀 010VP 进入下泄热交换器的管侧，壳侧的设备冷却水将下泄流再次降温。下泄流经下泄控制阀 013VP 再次降压后进入过滤器，滤去冷却剂中大于 5 μm 的悬浮颗粒物后流入净化回路。

（2）净化管线

正常情况下，下泄流经三通阀 017VP 进入两台并联混合离子床中的一台。混合离子床中的离子交换树脂将首先达到硼饱和后再达到锂饱和，不吸附铯。下泄流继而进入间断运行的阳离子床除去铯，使水质得到净化。从除盐器流出的下泄流经过滤器滤掉被下泄流冲刷出的树脂碎片后进入容控箱。

当下泄流温度超标时，017VP 受控将下泄流导向旁路管线，经 030VP 或进入容控箱，或导入硼回收系统（TEP），以免破坏离子交换树脂。

（3）上充管线

下泄流经三通阀 030VP 进入容控箱。当容控箱液位高时，030VP 则将下泄流的一部分或全部导向 TEP。容控箱为上充泵提供水源。下泄流一路经上充流量调节阀 046VP 进入主系统冷段，另一路经轴封水流量调节阀 061VP 进入轴封回路。当主泵断电或故障，稳压器失去主喷淋功能时，上充管线将经手动隔离阀 227VP 提供辅助喷淋水，此时关闭 050VP。

（4）轴封水及回流管线

轴封水流经两台并联过滤器中的一台，除去大于 5 μm 的固体杂质后进入主泵 1 号轴封。轴封水回流经过滤器除去固体颗粒并经冷却器冷却后返回上充泵入口。

（5）过剩下泄管线

当正常下泄不可用时，下泄流将从过滤端引出，从而使注入的主泵轴封水得以流出，以维持主冷却剂量不变。过剩下泄流经过剩下泄热交换器冷却、阀 258VP 降压后由三通阀 259VP 与轴封水回流汇合，或流入核岛排气和疏水系统（RPE）。

（6）低压下泄管线

当一回路系统压力较低时，从 3 组降压孔板下泄的流量很小。此时将从余热排出泵出口引出一股下泄流，经 310VP 及 082VP 从降压孔板下游进入下泄回路，此管线被称为低压下泄管线。310VP 是气动调节阀，可调节低压下泄的流量。

在反应堆处于换料或维修停堆状态时，下泄流经净化回路处理后，不经过容控箱和上充泵，而通过 366VP 及 367VP 所在的净化回水管线直接返回 RRA。

（7）除硼管线

进行除硼操作时，由三通阀 026VP 把下泄流引向 TEP 的除硼单元，经处理后，再返回容积控制箱。

3.1.2　二代加 REA

3.1.2.1　系统的功能

(1)主要功能①

REA 的主要功能是贮存并供给保障 RCV 功能所需的各种液体。即提供除盐除氧硼水，以保证化容系统的容积控制功能；注入联氨和氢氧化锂等化学药品，以保证化容系统的化学控制功能；提供硼酸溶液和除盐除氧水，以保证化容系统的反应性控制功能。

(2)辅助功能②

向稳压器卸压箱提供喷淋冷却水；为主泵密封水立管供水；向换料水箱提供硼酸溶液，为其初始充水及补水；向安全注入系统(RIS)硼酸注入箱提供硼的质量分数为 7000 μg/g 的硼酸溶液，为其初始充水和补水；向容控箱提供与一回路当前硼的质量分数一致的硼酸溶液；为稳压器和 RRA 的先导式卸压阀充水。

3.1.2.2　系统的组成

主要设备有 2 个 2 台机组共用的除盐除氧水贮存箱；1 个 2 台机组共用的硼酸溶液贮存箱；2 个 2 台机组分别使用的硼酸溶液贮存箱；1 个 2 台机组共用的硼酸溶液配制箱；4 台除盐除氧水泵；4 台硼酸溶液输送泵；1 个 2 台机组共用的硼酸溶液过滤器；2 个用于配制联氨溶液和氢氧化锂溶液的化学药品混合罐。

3.1.2.3　系统的流程③

二代加 REA 系统由水部分和硼酸部分组成，系统流程图如图 3.2 所示。

(1)正常补给管线

进行稀释、硼化、自动补给和手动补给等操作时，硼酸溶液经 065VB，除盐除氧水经 016VD 单流或者合流进入混合流道，最后通过 018VB 被送到上充泵入口处。

稀释时，065VB 关闭，除盐除氧水单流进入混合流道；硼化时，016VD 关闭，硼酸溶液单流进入混合流道；进行自动补给和手动补给操作时，065VB 和 016VD 都开启，除盐除氧水和硼酸溶液按计算的流量比合流进入混合流道。

(2)补水旁路管线

在正常补水管线不可用时，可以利用补水旁路管线将除盐除氧水送到上充泵入口，即就地打开手动隔离阀 120VD。

---

① 见附录 2 课程思政内涵释义表第 10 项、第 24 项。

② 见附录 2 课程思政内涵释义表第 3 项、第 11 项。

③ 见附录 2 课程思政内涵释义表第 18 项。

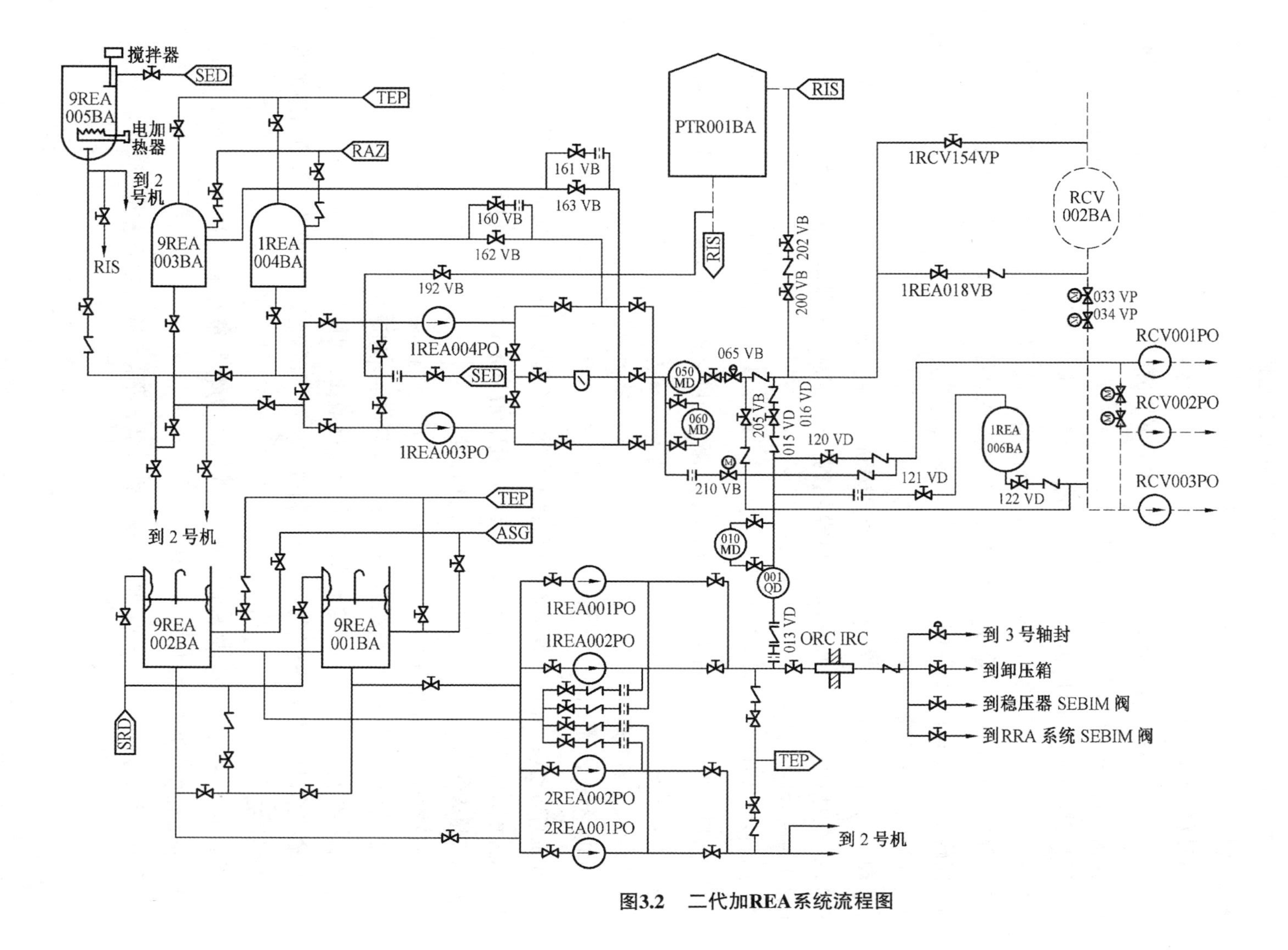

图3.2　二代加REA系统流程图

(3)直接硼化管线

在事故情况下，打开电动隔离阀 210VB 控制，将硼酸溶液经直接硼化管线送到上充泵入口处。

(4)应急硼化管线

在正常硼化管线和直接硼化管线都不可用的事故情况下，可以就地打开 205VB，利用应急硼化管线将硼酸溶液送到上充泵入口。

(5)与换料水箱(PTR001BA)的连接管线

REA 通过 2 个手动隔离阀管线与换料水箱相连，向其输送硼酸溶液。另外，从换料水箱到硼酸泵入口有 1 条管线，在上充泵、低压安注泵停运，或硼酸溶液贮量不足又需向一回路注硼时，硼酸泵将换料水箱的硼水注入一回路。

(6)硼酸溶液配制管线

配制时，在硼酸溶液配制箱内用硼酸晶体同核岛除盐水相混合，配制硼质量分数为 7000 μg/g的硼酸溶液，箱内设有电加热器和搅拌器。配制好的硼酸溶液用硼酸泵或靠重力送入硼酸溶液贮存箱。

(7)化学药品添加管线

先将化学药品从投料孔倒入化学药品混合罐，与除盐除氧水混合后，借助除盐除氧水泵注入上充泵入口处。

3.1.2.4　系统的运行

(1)系统的备用状态①

在机组启动前，系统已处于备用状态：1 台除盐除氧水泵和 1 台硼酸泵处在自动控制状态，另 1 台处在手动控制状态；将与正常补给相关的手动阀门均打开，与换料水箱之间的连接管线隔离；联通主回路和 RRA 的管线。

(2)正常补给的操作方式②

正常补给的操作方式包括稀释、自动补给、手动补给和硼化四种。

稀释操作是为了降低一回路硼浓度，使反应性增加，可隔离硼酸补给管线。

自动补给操作是为了补给与一回路当前硼浓度相同的硼水给容控箱，启动和停止受容控箱液位控制。

手动补给操作是为了给换料水箱充水或补水或为容控箱补水，以便排放箱内气体，由操纵员发出指令进行控制。

硼化操作则是为了增加硼浓度，使反应性降低，可隔离除盐除氧水补给管线。

---

① 见附录 2 课程思政内涵释义表第 13 项。

② 见附录 2 课程思政内涵释义表第 14 项。

3.1.3 三代 CVS

3.1.3.1 系统的组成[1]

主要设备包括：2 台并列布置的补水泵(MP-01A/B)，正常补水来自硼酸箱和除盐水箱；2 台小流量 U 形管式热交换器(ME-03A/B)，为补水泵提供合适的小流量保护；1 个用于下泄流量初次降温的再生式热交换器(ME-01)；1 个用于将下泄流二次降温到除盐床工作温度范围内的 U 形管式下泄热交换器(ME-02)；1 台位于辅助厂房内与 CVS 净化管线相连的锌添加泵(MP-02)；1 个位于反应堆厂房外存有质量分数为 2.5%的硼酸溶液的硼酸箱(MT-01)；1 个用于制备质量分数为 2.5%的硼酸溶液制备箱(MT-02)，上部设有添加硼酸晶体的接管，侧面设有与除盐水系统相连的接口及溢流管线，下部设有疏水及取样管线，箱内设有搅拌器、电加热器和过滤网；1 个化学添加箱(MT-03)；1 个位于汽轮机厂房内可提供醋酸锌溶液的锌添加箱(MT-04)；2 台阴阳离子交换器(混床)(MV-01A/B)；1 台用以控制 RCS 中^{7}Li 浓度(pH 值的控制)或铯浓度的阳离子交换器(阳床)(MV-02)，容器内和疏水口处各有 1 个过滤筛网，还有 1 个入口筛网；1 个带有可处置有机芯子用于收集补水中颗粒杂质的补水过滤器(MV-04)；2 个位于混床和阳床之后、带可处理有机芯子、用于除去净化流中树脂碎片和颗粒杂质的反应堆冷却剂过滤器(MV-03A/B)；1 个下泄节流孔板(PY-R01)等。

CVS 的阀门都由不锈钢制成，按功能可分为截止阀、隔离阀、三通阀和卸压阀等，按驱动方式可分为气动、电动和电磁阀。

净化回路截止阀(V01/02/03)为常开电动阀，位于安全壳内，用以保持 RCS 压力边界的完整性；补水截止阀(V81)为常开气动逆止阀，位于安全壳内，用于在再生式热交换器下游隔离 RCS 的补水管线。

安全壳内下泄隔离阀(V45)为常关及失效关气动球阀，位于安全壳内，用以隔离下泄流与放射性废液系统(WLS)；安全壳外下泄隔离阀(V47)为常关及失效关气动球阀，位于安全壳外，用于隔离放射性废液系统；辅助喷淋管路的隔离阀(V84)为常关气动截止阀，位于安全壳内再生式热交换器下游，用于隔离稳压器的辅助喷淋管线；补水管线安全壳隔离阀(V90/91)为常开电动球阀，用于提供 CVS 补水管线的安全壳隔离；氢气和锌添加安全壳隔离阀(V92)为故障关闭气动球阀，位于安全壳外的氢气和锌添加管线上；氢气添加隔离阀(V204)为正常关闭或故障关闭电磁球阀，位于安全壳外的氢气添加管线上；除盐水系统隔离阀(V136A/B)为常开气动蝶阀，位于安全壳外除盐水储存和输送系统管线上。

补水泵入口母管阀(V115)为气动三通阀，位于补水泵入口，一端连接硼酸箱，另一端连接除盐水供应管线。

---

[1] 见附录 2 课程思政内涵释义表第 23 项。

补水泵入口卸压阀(V158A/B)位于补水泵入口处，用于防止泵入口超压；下泄管路卸压阀(V57)用于下泄管路的超压保护；树脂冲扫管路卸压阀(V042)，从阳树脂床和混合离子床到废物处理系统的树脂冲扫管路上，有一个树脂冲扫管路卸压阀，用于管道的超压保护。

3.1.3.2 系统的流程①

由1个位于反应堆安全壳厂房内的净化管线和位于安全壳厂房外的补水及下泄管线构成。如图3.3所示。

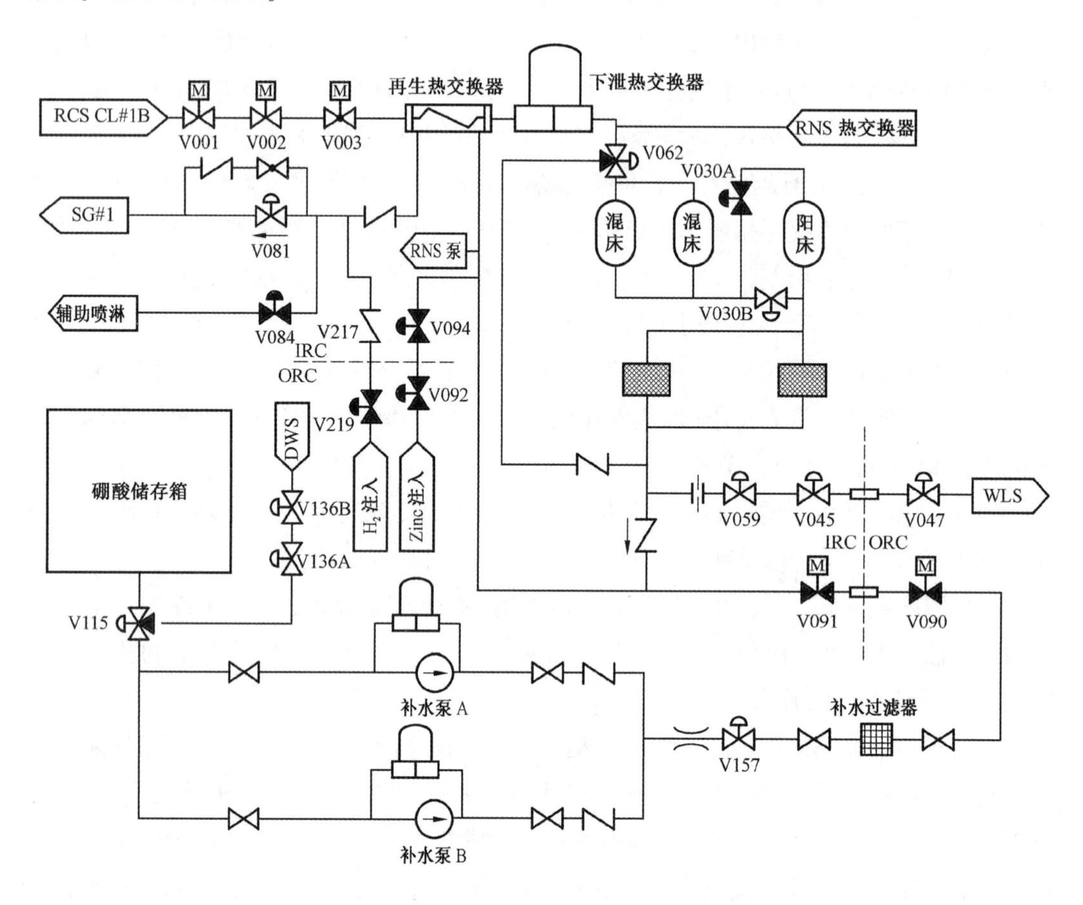

图3.3 CVS系统流程图

(1)净化管线

净化管线(也称高压净化)位于安全壳内，由再生热交换器、下泄热交换器、混床、阳床、过滤器及相应的仪表、阀门和管道组成。

在功率运行期间，净化流从主泵出口引出，先通过再生热交换器，被上充流冷却后(同时起到加热上充流的目的)，再经过下泄热交换器进一步冷却，然后经过一台阴阳离子交换器(混床)进行除盐，必要时再通过阳离子交换器(阳床)，最后经过一个冷却剂过

① 见附录2课程思政内涵释义表第18项。

滤器回流至再生热交换器进行加热后，回到主泵的入口。

下泄热交换器出口冷却剂温度要求与离子交换器内树脂的工作温度(不超过 57 ℃)相适应；混床用于除去离子状裂变产物和腐蚀产物；过滤器用于除去颗粒状杂质和树脂碎片；阳床用来除去冷却剂中的锂和铯。

(2)下泄和补水(上充)管线

正常功率运行期间，稳压器液位通过控制程序由补水和下泄进行调节。

当稳压器液位高于设定值时，自动打开下泄隔离阀，冷却剂经下泄节流孔板降压后排到 WLS。

当稳压器液位低于设定值时，自动启动补水泵，从 WLS 的缓冲箱或者通过入口三通阀从硼酸箱和除盐水箱取水混合后打入 RCS。当处于液位控制系统死区时，稳压器在一定时间内有足够的空间来适应小的 RCS 泄漏。CVS 能补充 RCS 的微小泄漏，同时可为冷态启动期间加热后冷却剂升温膨胀，以及冷却过程中的冷却剂收缩提供水装量控制。

(3)除气管线

正常运行时不需要对冷却剂进行除气，需要时可将冷却剂引入核岛液体废物系统进行除气。此时下泄流先经过下泄孔板降压，再排入核岛液体废物处理系统的除气装置除去放射性裂变气体，除气后的含硼水进入核岛液体废物处理系统的流出液暂存箱，由补水泵送回 RCS，以实现循环除气。

在停堆工况时，必须待反应堆冷却剂中的放射性气体和氢气浓度下降到一定数值时，才可以重启一回路压力边界。停堆除气过程是通过 CVS 的开式循环运行完成的，即将冷却剂下泄导出到 WLS 的除气器，经过充分除气后排放到 WLS 的缓冲箱，再通过补水泵注入 RCS。下泄节流孔板有一个旁路阀，当 RCS 降压后，可以通过手动打开旁路实现除气的持续运行。

当燃料棒发生较为严重的破损时，CVS 可将冷却剂导出到 WLS 的除气器，对冷却剂进行除气。这种情况下，下泄流通过下泄节流孔板降压，经 WLS 除气器除气后，再引至安全壳外的液体排放缓冲箱，最后通过补水泵打入 RCS。

(4)硼酸调节管线

CVS 可以向 RCS 添加或除去硼，以及为 RCS 补充与功率运行时冷却剂浓度流量相匹配的硼酸溶液。RCS 中硼浓度的改变用来补偿燃耗，以及满足启动、停堆和换料时对硼浓度的要求。

使用硼酸制备箱配置质量分数为 2.5% 的硼酸溶液后储存在硼酸储存箱内。将水加入制备箱，在被浸没式加热器加热的同时搅动搅拌器。对硼酸溶液取样，以确保硼酸完全溶解并检测硼浓度，然后使制备箱内的硼酸溶液靠自重注入硼酸箱。

硼化时，自动控制三通控制阀 V115 全开向硼酸储存箱，然后启动补水泵，向 RCS 中注入浓硼酸。当稳压器水位升高至设定值时，下泄子系统自动投入，使稳压器水位维持在正常范围内。

稀释时，自动控制三通控制阀 V115 全开向除盐水系统，然后启动补水泵，向 RCS 系统中注入除盐水。当稳压器水位升高至设定值时，下泄子系统自动投入，使稳压器水位维持在正常范围内。

寿期末，可以采用除硼(将化容系统的备用混床投入运行，除去反应堆冷却剂中的硼)的方式来降低一回路硼浓度。

另外，CVS 可为用户[非能动堆芯冷却系统(PXS)的堆芯补水箱、安注箱和安全壳内换料水箱(IRWST)以及乏燃料水池]提供不同浓度的硼酸溶液。

(5)化学调节管线

RCS 的化学调节也通过上充和下泄来实现。将化学药物手动倒入化学添加箱内，然后用除盐水冲到补水泵的入口，通过上充管线注入 RCS。

RCS 的 pH 值控制通过添加化学试剂氢氧化锂实现。

堆芯初期由于堆芯中^{7}Li 的生成速度相对较高，可投入阳床以降低^{7}Li 的浓度。由于^{7}Li 的积累很慢，所以阳床只是间断使用。

(6)锌和氢气注入管线

锌和氢气注入管线由锌注入单元和氢气注入单元组成。锌注入单元和氢气注入单元的管线连接成 1 条共用管线，穿出汽轮机厂房，穿入安全壳内，并最终在净化回路再生热交换器壳侧出口管线下游接入净化子系统。

在功率运行阶段，通过注入氢来控制裂变产生的氧，使 RCS 中的氧达到接近零的平衡浓度。氢气来自安全壳外的瓶装氢气，通过安全壳贯穿件，经过 V092 后进入再生热交换器壳侧出口管线，最终注入 RCS。

持续少量地向 RCS 添加醋酸锌。醋酸锌可以改变形成在冷却剂系统表面的氧化膜，经过改善的氧化膜不易溶解，对于传输和活化更不敏感。这将大大地减小核电站的放射性区域，明显地降低职业辐照水平。

(7)树脂充排管线

树脂充排管线用于更换除盐床的树脂。

3.2 二代加 RRA 与三代 RNS

3.2.1 二代加 RRA

3.2.1.1 系统的功能

(1)主要功能[①]

正常停堆过程中，当一回路平均温度降到 180 ℃以下、压力降到 3 MPa 以下时，以

---

① 见附录 2 课程思政内涵释义表第 10 项、第 24 项。

及由事故引起的停堆过程中(除失水事故，引起 RIS 投入运行的情况外)，导出堆芯余热、一回路水和设备的显热以及运行的主泵产生的热量。

(2)辅助功能①

当一回路压力小于 3 MPa 时，由于 RCV 降压孔板两端压差太小，正常下泄管线无法正常使用，RRA 提供了 1 条低压下泄管线，以保证一回路处于单相状态时的压力调节和水质净化。此时，一回路的超压保护也由 RRA 的卸压阀来实现。

在一回路主泵全部停运或主泵不可用时，余热排出泵还在一定程度上可以保证一回路水的循环。

换料后，余热排出泵可将反应堆水池换料腔中的水送回换料水箱。

3.2.1.2　系统的组成②

RRA，RCV，RCP 之间的连接如图 3.4 所示。

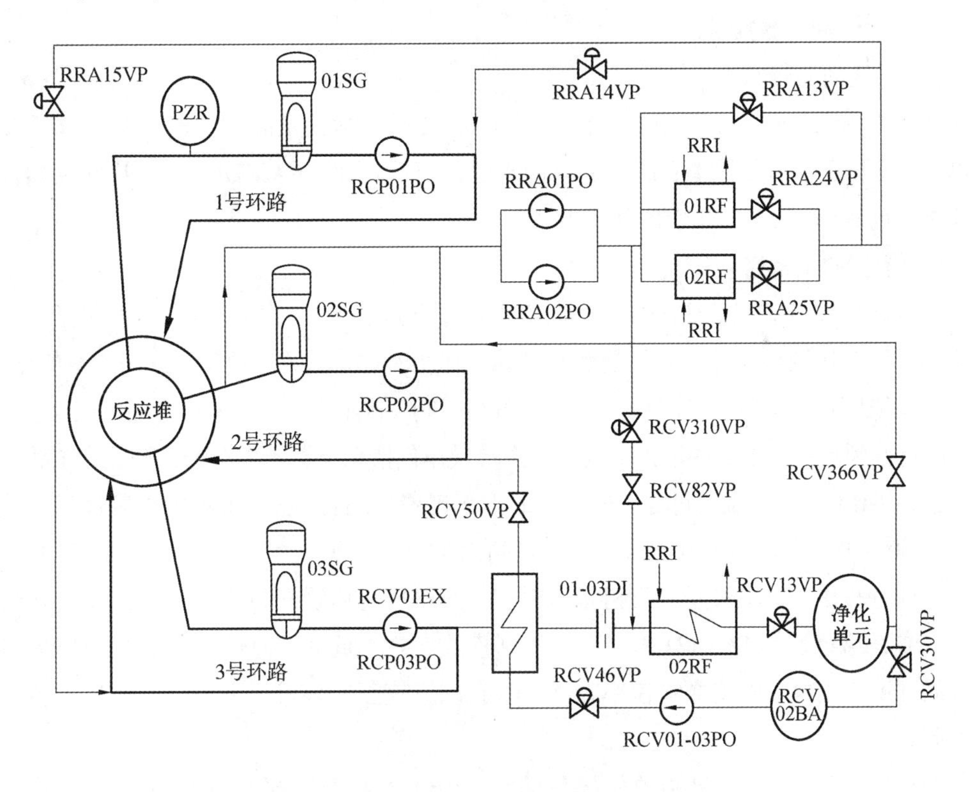

图 3.4　RRA，RCV，RCP 之间的连接示意图

主要设备有 2 台余热排出泵；2 台倒置 U 形管壳式余热排出热交换器。

---

① 见附录 2 课程思政内涵释义表第 3 项、第 11 项。

② 见附录 2 课程思政内涵释义表第 23 项。

主要阀门有 3 个调节阀（RRA13VP，RRA24VP 和 RRA25VP）。RRA24VP 和 RRA25VP 用于控制通过相应热交换器的反应堆冷却剂的流量，根据一回路温度及升降温速率的需要，手动给出开度整定值；RRA13VP 用来维持总流量在预定值，以保证泵的输出流量恒定。

3.2.1.3　系统的流程①

余热排出泵从一回路 2 号环路的热段吸水，送入一段母管。母管上设有卸压阀，用以避免一回路和 RRA 超压。母管的水分向 2 个热交换器及 1 个旁路管线后汇合。在出口总管线上引出 1 条泵的最小流量循环管线到泵的入口、1 条到化容系统降压孔板下游的低压下泄管线和 1 条与 PTR 的连接管线，然后通过中压安注的注入管线分别回到一回路 1 号、3 号环路的冷段。余热排出泵的入口处有 1 条管线与 PTR 相连，还有 1 条从化容系统除盐装置下游来的回水管线。

3.2.1.4　系统的运行

(1)系统的备用状态②

余热排出泵停运，4 个入口阀、2 个排水阀、2 个密封性试验阀关闭；与 PTR 连接管线隔离；低压下泄管线隔离；低压下泄回水管线开启，使 RRA 满水；2 个热交换器流量调节阀开度为 30%，RRA13VP 全开。

(2)系统的正常启动③

正常启动在反应堆从热停堆工况向冷停堆工况过渡的过程中进行。主要包括硼浓度调整和升温升压两项操作。为了避免热冲击、压力冲击和意外稀释，只有 RRA 的温度、压力和硼浓度均与 RCP 一致时，才可以打开入口阀和排水阀。正常停运是在反应堆从冷停堆工况过渡到热停堆工况的过程中进行。主要操作包括系统的降温、降压和压力监测等。

为使 RRA 均匀升温，同时为避免泵的卡死现象，2 台余热排出泵须交替运行。当温度升高 60 ℃时，停运运行中的泵，30 s 后再启动另一台泵。

冷却过程中，稳压器处于两相状态时，一回路压力由稳压器控制，稳压器满水后由 RRA 控制，通过切换 RCV13VP 到压力控制模式实现。此时，通过调节热交换器流量调节阀的开度，控制一回路降温速率在 28 ℃/h 以下直至冷停堆。此时，可停运 1 台余热排出泵。

加热过程中，稳压器处于单相状态时，由 RRA 控制温度梯度小于 28 ℃/h。稳压器建立汽腔后，由稳压器控制，通过切换 RCV13VP 到稳压器控制模式实现。

---

① 见附录 2 课程思政内涵释义表第 18 项。

② 见附录 2 课程思政内涵释义表第 13 项。

③ 见附录 2 课程思政内涵释义表第 14 项。

3.2.2 三代 RNS

3.2.2.1 系统的组成

2 台正常余热排出泵；2 台立式 U 形管壳式正常余热排出热交换器；4 个位于安全壳内 RNS 入口隔离阀，为常关电动阀，2 组并联，每组有 2 个串联阀门，设有联锁保护；1 个正常余热排出泵入口隔离阀，为电动闸阀，可同时作为安全壳隔离阀；1 个正常余热排出泵出口隔离阀，为电动闸阀；1 个换料水箱出口管线隔离阀，为常关电动闸阀，也可作为安全壳隔离阀；1 个 IRWST 回流管线隔离阀，为常闭电动闸阀；1 个 CVS 净化供水管线隔离阀，为常闭气动球阀；1 个乏燃料容器装料池入口隔离阀，为常闭电动闸阀；1 个正常余热排出泵最小流量隔离阀，为常开气动球阀；1 个 CVS 净化回流管线隔离阀，为常闭气动球阀。

3.2.2.2 系统的流程①

RNS 系统流程图如图 3.5 所示。

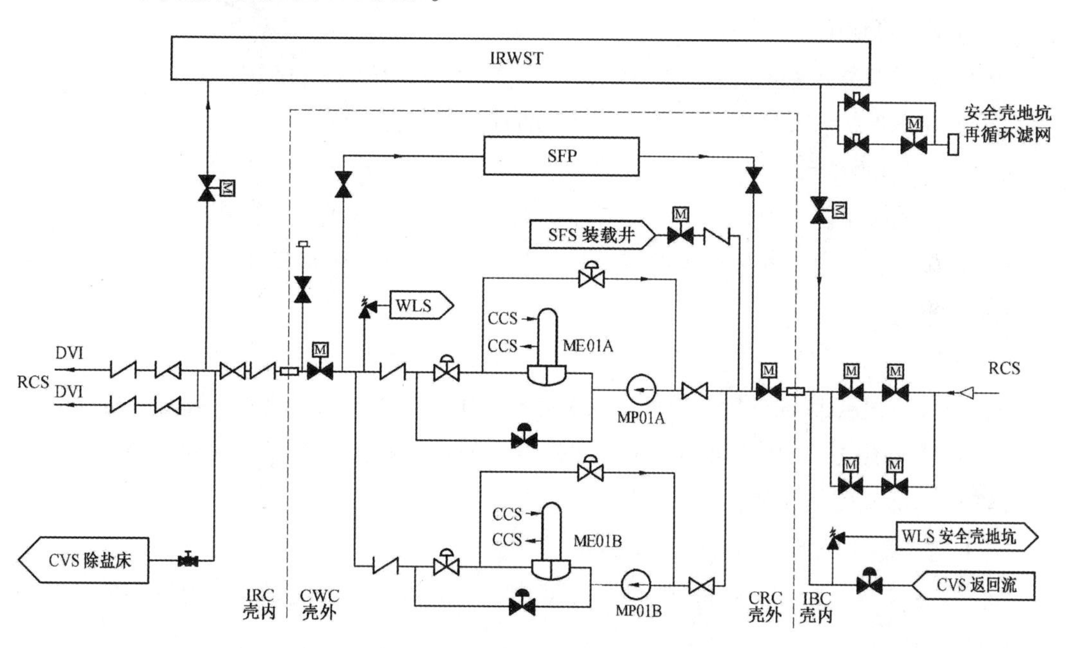

图 3.5 RNS 系统流程图

(1)RCS 冷却管线

RNS 的入口总管从 RCS 热段引出，随后入口总管分为并联的两列，每列与 1 台余排泵相连，每台余排泵的出口与相对应的余排热交换器相连。

每列热交换器的出口连接到出口总管上。每列安装 2 个串联的常关电动隔离阀，阀

① 见附录 2 课程思政内涵释义表第 18 项。

门的布置方式可保证在 1 个隔离阀开启失效时 RNS 仍能执行其正常功能，在 1 个隔离阀关闭失效时仍能执行其隔离功能。

(2) IRWST 冷却管线

换料水箱通过 1 个常关的电动隔离阀与 RNS 的入口总管相连，通过 1 个常关的电动隔离阀与 RNS 的出口总管相连。换料工况下，RNS 也可将换料水箱中的浓硼水充入换料水池，或者将换料水池中的水排回换料水箱。

(3) 余热排出泵小流量管线

可在 RCS 压力低于余排泵出口压力时提供足够的流量以保护余排泵。小流量管线的投入与隔离由 1 个气动阀控制。当需要增加冷却流量时，可隔离小流量管线；当泵的出口流量低于整定值时，小流量管线可自动投入。

(4) 压力容器直接注入管线

RNS 出口总管穿入安全壳后分为 2 条管线，每条管线上串联 1 个止回阀和 1 个截止止回阀，作为安全壳隔离阀。每列管线上设有 1 个节流孔板。

(5) 安全壳地坑注入管线

RNS 入口总管上装有 1 个安全阀，防止系统超压。在 RNS 和 RCS 连通后，为 RCS 提供低温超压保护。安全阀动作后，将冷却剂排入安全壳地坑。

(6) 停堆净化管线

余热排出泵下游的出口总管连接 CVS 混床的上游，CVS 的净化回流管线连接余热排出泵上游的入口总管。在换料工况下，余热排出泵可以通过停堆净化管线对一回路和换料水池的水进行净化。

(7) 低压安注管线

在第一阶段 ADS 动作后，若厂内电源可用，开启 1 个电动隔离阀，从乏燃料容器装载井取水补入 RCS，以防止堆芯补水箱水位继续下降而触发 ADS 第 4 级卸压阀的动作和 IRWST 的非能动安全注射。

(8) 乏燃料水池的冷却管线

在 RNS 不需要对一回路进行冷却时，通过这条管线可以为乏燃料水池提供备用的冷却手段。

(9) 严重事故后安全壳紧急排气管线

在发生堆芯熔化等严重事故工况下，经过余热排出泵入口隔离阀和乏燃料水池手动隔离阀，为安全壳提供向乏燃料水池紧急卸压的排气通道。

(10) 安全壳补水管线

长期再循环阶段，临时补水水源可以通过 RNS 出口总管的试验管线，向安全壳内补水，保持安全壳内的水装量。

3.3 二代加 RRI 与三代 CCS

3.3.1 二代加 RRI

3.3.1.1 系统的功能

冷却功能：向核岛内各热交换器提供冷却水，并将热负荷通过 SEC 传到海水中。

隔离作用：二代加 RRI 系统是核岛各热交换器与海水之间的一道屏障。

3.3.1.2 系统的组成①

每台机组设有 2 条独立管线(系列 A，B)和 1 条公共管线，在 2 个机组之间设有 1 条共用管线。4 台设备冷却水泵；4 台 RRI/SEC 热交换器；2 个为水泵提供吸入压头的缓冲箱，补水来自核岛除盐水分配系统(SED)，溢流管与 RPE 相连，排气管将废气排到核辅助厂房通风系统(DVN)。

(1)独立管线

2 条独立管线分别由 2 台 100%容量的单级离心泵、2 台 50%容量的板式热交换器、1 个缓冲箱及相应的管道和仪表组成。

(2)公共管线

公共管线的用户是在事故情况下不必投入的那些冷却器，由独立管线系列 A 或 B 提供冷却水。事故情况下，通过电动阀门使其与独立管线隔离，停止供水。

(3)共用管线

2 台机组的共用管线是每台机组公共管线扩展后的一部分。

3.3.2 三代 CCS

3.3.2.1 系统的组成

主要设备有 2 台设备冷却水泵；2 个板式设备冷却水热交换器；1 个为设备冷却水泵提供吸入压头的波动箱；1 个与波动水箱相连的化学添加箱。

阀门按功能可分为隔离阀、止回阀、调节阀和卸压阀等，按结构可分为蝶阀和球阀，按驱动方式可分为气动阀和电动阀。

3.3.2.2 系统的流程

核电站正常运行期间，CCS 一个系列保持运行，另一系列处于备用状态。备用的 CCS 泵与运行中的热交换器相连，当运行的 CCS 泵发生故障时，备用系列自动启动。CCS 的泄漏由波动箱自动补水来补偿。

① 见附录 2 课程思政内涵释义表第 23 项。

换料期间，CCS 的 2 个系列均运行，通过 2 个乏燃料水池热交换器和 1 台 RNS 热交换器保持乏燃料水池水温度。换料以后，CCS 的 2 个系列共同向各个用户提供冷却水。一旦 RNS 热交换器被隔离，只需要一个系列 CCS 导出堆余热。

3.3.2.3 系统的运行

(1) 备用状态①

核电站正常运行期间，CCS 一个系列保持运行，另一系列处于备用状态。备用的 CCS 泵与运行中的热交换器相连。CCS 的泄漏由波动箱自动补水来补偿。

(2) 核电站启动②

核电站启动过程中，CCS 两个系列都应投入运行。启动结束后，只需 1 台设备冷却水泵和 1 台热交换器运行。

(3) 核电站停闭③

RNS 投运前，备用的 CCS 泵和热交换器须投运。RNS 投运后，CCS 与 RNS 和 SWS 一起进行降温降压过程操作。

3.4 二代加 PTR 与三代 SFS

3.4.1 二代加 PTR

3.4.1.1 系统的功能

(1) 冷却功能

冷却乏燃料水池中的燃料元件，导出余热；换料或停堆检修工况下，RRA 不可用，且在压力容器开盖的情况下，作为 RRA 的应急备用，冷却堆芯导出余热。

(2) 净化功能

去除乏燃料水池中的裂变产物和腐蚀产物，限制乏燃料水池的放射性水平；过滤反应堆水池和乏燃料水池水中的悬浮物，以保持水池良好的能见度。

(3) 充排水功能

向反应堆水池和乏燃料水池充入质量分数为 2100 μg/g 的硼水，作为放射性的生物屏障并保证乏燃料处于次临界状态；为乏燃料贮存池以外的其他水池充排水。

(4) 储水功能

系统的换料水箱可以贮存大量的硼水。

① 见附录 2 课程思政内涵释义表第 13 项。

②③ 见附录 2 课程思政内涵释义表第 14 项。

3.4.1.2　系统的组成

(1)反应堆水池

反应堆水池位于反应堆厂房内，由换料腔和堆内构件贮存池构成。

换料腔也称堆腔，位于反应堆正上方；堆内构件贮存池与换料腔相连；两个水池用气密封挡板隔开，可单独进行充排水。

正常运行时反应堆水池不充水，换料工况且压力容器开盖的情况下充水。

(2)乏燃料水池

乏燃料水池位于燃料厂房内，由燃料输送池、乏燃料贮存池、乏燃料运输罐装罐池和燃料运输罐冲洗池构成。

燃料输送池池底由一个传递通道将燃料厂房和反应堆厂房堆内构件贮存池相连，乏燃料由换料机从反应堆内取出，再由运输小车通过传递通道送入燃料输送池。传递通道在燃料输送池侧设有 1 个闸阀，可将通道隔离，在堆内构件贮存池侧，由盲板法兰将其隔离。正常运行时，通道是隔离的，换料时才打开。

乏燃料贮存池可存放 690 个燃料组件，由 20 个格架组成。另外备有 1 个可存放 5 个破损燃料组件的格架。水池中只要有乏燃料就必须充满水。

乏燃料运输罐装罐池，乏燃料在该池被装入运输用的铅罐内。

以上 3 个水池彼此相通，并用气密闸门隔离。

燃料运输罐冲洗池与乏燃料运输罐装罐池相邻但不相通。

(3)换料水箱(PTR001BA)

换料水箱安装在反应堆厂房外，四周设有钢筋混凝土围墙，围墙可在事故情况下包容水箱内的水。为防止水箱中产生硼结晶，水箱内设有 6 组 12 kW 的电加热器。

(4)主要设备

1 个位于安全壳内的反应堆水池撇沫贮水罐；2 台并列的冷却循环泵；1 台乏燃料水池撇沫泵；1 台反应堆水池撇沫泵；1 台反应堆水池净化泵；2 个用于冷却乏燃料水池循环水的冷却水热交换器；2 个乏燃料水池过滤器；2 个两台机组共用的反应堆水池过滤器；1 个乏燃料水池浮沫过滤器；1 台混合离子床。

3.4.1.3　系统的流程①

系统流程图如图 3.6 所示。

(1)反应堆水池的充水、排水、冷却和净化管线

充水管线：换料水箱的水由 1 台冷却循环泵充入反应堆水池，在反应堆压力容器打开以后，也可以利用 RIS 低压安注泵通过环路向反应堆水池充水。

① 见附录 2 课程思政内涵释义表第 18 项。

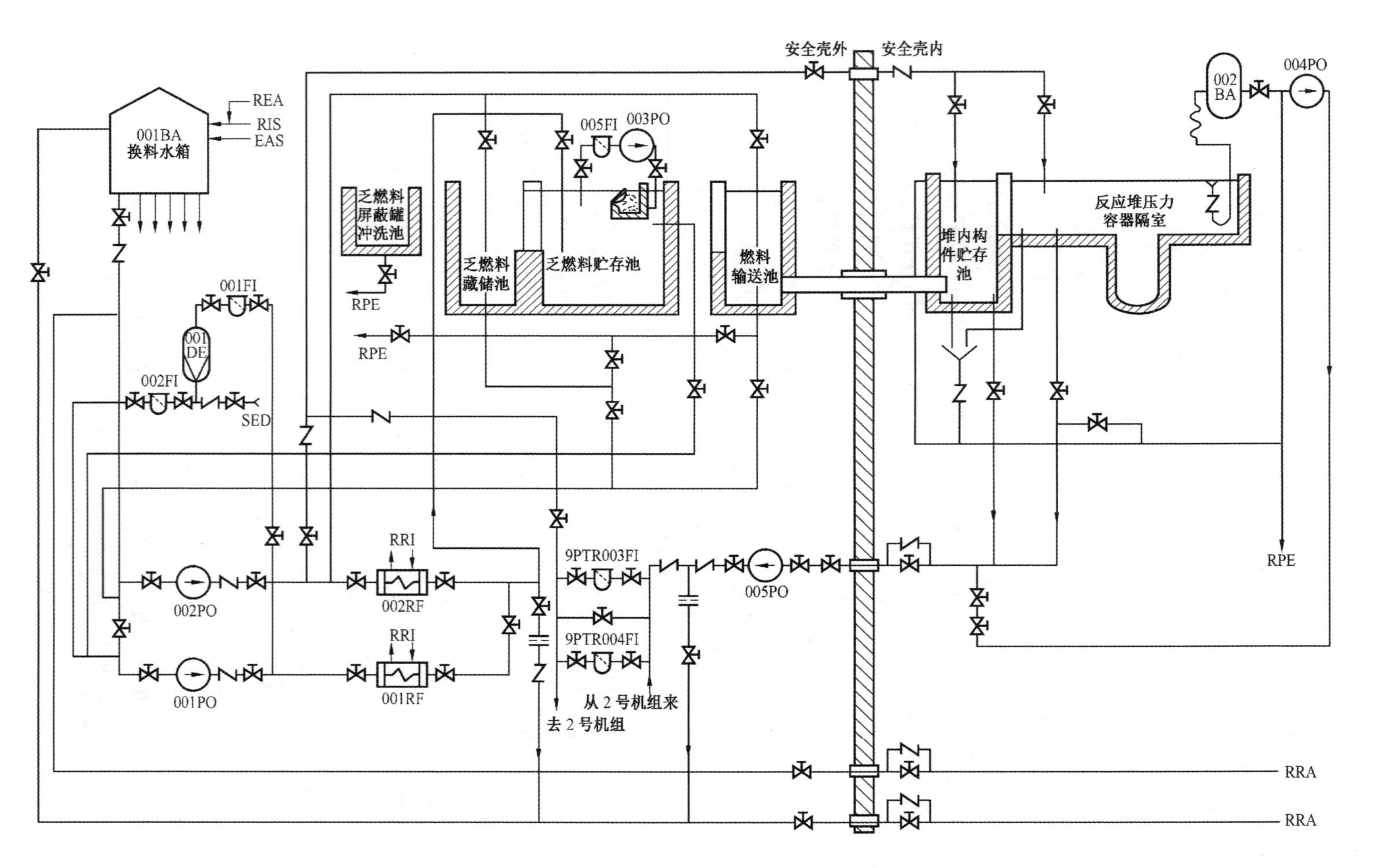

图3.6 PTR系统流程图

排水管线：大修卸料后，将反应堆水池的水排回换料水箱，最后通过地漏排入 RPE。

冷却管线：正常情况下，反应堆水池由 RRA 冷却。在反应堆停堆换料、一回路打开、RRA 不可用的情况下，由 PTR 偶数系列应急冷却。

净化管线：在反应堆压力容器开盖及水池充水过程中，反应堆水池的水通过 RRA 送至 RCV 或 TEP 的净化单元去净化；反应堆水池满水后，则用反应堆水池净化泵进行循环过滤。

(2)乏燃料水池的充水、排水、冷却和净化管线

充水管线：换料水箱的水由 1 台冷却循环泵充入燃料输送池、乏燃料贮存池和乏燃料装卸罐贮存池。

排水管线：乏燃料贮存池一般不排水。燃料输送池和乏燃料装卸罐贮存池的水一般通过 1 台冷却循环泵排向换料水箱，也可以排向 RPE。

冷却管线：燃料输送池、乏燃料贮存池和乏燃料装卸罐贮存池的水经 1 台冷却水热交换器冷却，冷却后的水返回各水池，冷源是设备冷却水。

净化管线：冷却流量的一部分经 1 台冷却循环泵出口旁路被送入 2 台乏燃料水池过滤器和离子床实现净化。上游过滤器用于过滤直径大于 5 μm 的悬浮颗粒，下游过滤器用于过滤离子交换树脂。

(3)反应堆水池和乏燃料水池表面撇沫管线

反应堆水池撇沫泵将水吸入反应堆水池撇沫贮水罐后送到反应堆水池净化泵吸入口，经反应堆水池净化泵增压后，通过并联的反应堆水池过滤器过滤后返回反应堆水池(开始时反应堆水池撇沫泵手动启动，当回路充满水并到达反应堆水池净化泵吸入口时停止运行)。乏燃料水池撇沫泵固定在乏燃料水池池壁上，将水送入乏燃料水池浮沫过滤器过滤后返回乏燃料水池。

3.4.2 三代 SFS

主要设备有 2 台输水泵；2 个安装在 SFS 输水泵下游的板式冷却热交换器；2 台混合型离子除盐床；2 个位于离子交换器下游的过滤器，可过滤掉水中直径大于 5 μm 的悬浮固体杂质和从离子交换器中冲出的碎树脂。

SFS 的阀门都由不锈钢制成，按功能可分为调节阀、隔离阀和止回阀，按结构可分为蝶阀和旋塞阀。

2 个净化支路流量调节阀，为手动阀；1 个位于换料水池通向 2 号 SG 隔室排水管线上的换料水池排水隔离阀，为疏水蝶阀；1 个换料水池地坑排水阀，为旋塞阀；1 个位于安全壳内的 SFS 回水管线安全壳止回阀，为手动阀；1 个燃料运输通道排水阀，为蝶阀；1 个乏燃料水池补水接管隔离阀；1 个换料水池再淹没阀，位于换料水池下部墙体管道上，为手动隔离阀；3 个安全壳隔离阀。SFS 系统有两条贯穿安全壳的管线：一条是从

IRWST 或换料水池到 SFS 输水泵的供水管线，另一条是从输水泵出口母管到 IRWST 或换料水池的回水管线。在供水管线上，安全壳内、外侧分别装有 1 台远控安全壳隔离阀；在回水管线上，安全壳外装设 1 台远控安全壳隔离阀，正常情况下都处于关闭位置。

3.5 二代加 SEC 与三代 SWS

3.5.1 二代加 SEC

3.5.1.1 系统的功能

将 RRI 的热量输送到海水中。该系统又被称为核岛的最终热阱。

3.5.1.2 系统的组成[①]

每台机组分为 2 个独立的系列。

4 台水泵，每个系列 2 台；2 个位于热交换器上游的水生物捕集器，用来过滤海水中直径大于 4 mm 的水生物，主要部件是 1 个网孔为 4 mm 的柱形过滤芯，装有自动冲洗阀；4 台 RRI/SEC 热交换器，热交换器属于 RRI，在 SEC 侧，热交换器的上游和下游都装有隔离阀及供热交换器进行化学清洗用的管接头。

在 SEC 泵房及 RRI/SEC 热交换器房间内，均采用内涂氯丁橡胶的碳钢管道；在 SEC 管廊及 NAB 下面的管廊中，采用内衬钢管的混凝土管道。

SEC 集水坑在 NAB 外，同一机组两个集水坑之间相通。排水槽紧邻集水坑，之间有一矮墙，集水坑中的水从矮墙上面溢流到排水槽，再进入排水管。

一个机组有一个排水槽和一条排水管线。两个机组的排水槽相通，使两机组排水管互为备用。SEC 水经排水管进入排放结构，然后进入排水渠，再入大海。

排水管与排水槽、排水管与排水结构之间都设有闸门，用于排水管及结构的维修。排水管下游有导流室，可改变水流方向。室内装有防破坏的金属栅栏。

3.5.1.3 系统的流程

SEC 是一个开式循环系统。由两个系列组成，每个系列由 2 台 SEC 泵并联，从海水过滤系统吸入海水，经 SEC 管道、水生物捕集器及 2 台并联的 RRI/SEC 热交换器，将冷却 RRI 后的海水排入 SEC 集水坑，再由排水管将其排入排水渠，最后入海。

3.5.2 三代 SWS

主要设备有 2 台位于循环水泵房的服务水泵；2 个热交换器；2 个位于热交换器前服务水供水管线上的反冲洗滤网，反冲洗滤网设有电动反冲洗阀门。

---

① 见附录 2 课程思政内涵释义表第 23 项。

循环水系统(CWS)向 SWS 注入其所需要的化学试剂，以阻止海生物在系统管道壁面上形成生物膜，防止系统内管道和传热表面结垢。

SWS 具有 2 个 100%容量的工作系列。在每个系列的热交换器的上游和下游之间设置连通管，这样既可以使任一服务水泵向任一热交换器提供冷却水，也可以使任一系列的热交换器的排水能够经由另一热交换器的排水管线排向大海。

布置在循环水泵房内的服务水泵从泵房内的吸水池中吸水，将经净化栅栏和旋转滤网除去悬浮物及其他杂质(比如海草)的海水送入 CCS 热交换器中；被 CCS 热交换器加热过的服务水排入 CRF 排放管道，经排水工作井流入大海。

3.6 三代 PSS

三代 PSS 系统的安全功能是：PSS 的安全壳隔离阀隔离贯穿安全壳的取样管线，以保持安全壳的完整性。系统的非安全功能是：正常运行期间，PSS 可以收集 RCS 及相关支持系统的液体样品，并将其输送到手动取样盘(GSP)或放射性化学实验室；可监测安全壳内大气放射性并进行手动取样。

主要设备有用来收集液体和安全壳大气气体样品的 GSP；安装在 GSP 内的取样冷却器(SCR)，SCR 和 GSP 为一体化设计；冷却剂丧失事故(LOCA)和停堆时为液体取样提供动力的喷射器供水装置，装置由水箱、可移动盖板、电动泵及相关阀门和管道组成；安装在各个取样点处的取样源隔离阀；6 个位于贯穿安全壳的 3 根取样管线上的安全壳隔离阀，每条管线上安全壳内外各 1 个。

3.7 对　比

第一，二代加技术与三代技术的化学与容积控制系统在功能上没有太大区别，只是在管线设计上有一定的不同，可总结为以下几点：

三代技术将二代加技术的 REA 进行了简化而且并入了化容系统。

三代技术取消了二代加技术的过剩下泄管线和主泵轴封与回流管线(因为三代技术使用的是屏蔽泵，二代加技术使用的是轴封泵)。

三代技术增加了锌和氢气注入管线以及除气管线，取消了容积控制箱，减少了下泄孔板和上充泵的数量，在阀门和管道数量上也有所简化。

第二，二代加技术与三代技术的 RNS，CCS 和 SWS 在功能、结构以及运行等方面只是在论述上有些不同，实质并没有太大改变。

第三，PTR 与 SFS 的区别可总结为以下几点：PTR 控制对象为反应堆水池和乏燃料水池，SFS 控制对象仅为乏燃料水池；由于控制对象以及反应堆结构的不同，两者的功能也有所差异；在设备、管线以及阀门的设置上存在很大差别。

第四，三代技术将 PSS 划分到一回路辅助系统。

第 4 章　专设安全设施

专设安全设施用来保证当 RCP 发生失水事故、二回路的汽水回路发生破裂或失效时堆芯热量的排出和安全壳的完整性，同时限制事故的发展和减轻事故的后果。二代加的压水堆技术包括 RIS、安全壳喷淋系统（EAS）、辅助给水系统（ASG）和安全壳隔离系统（EIE），三代的压水堆技术包括 PXS、非能动安全壳冷却系统（PCS）、安全壳系统（CNS）、主控室应急可居留系统（VES）和安全壳氢气控制系统（VLS）。

4.1　二代加 RIS 与三代 PXS

4.1.1　二代加 RIS

4.1.1.1　系统的功能

（1）主要功能①

在一回路小破口失水事故时，或在二回路蒸汽管道破裂造成一回路平均温度降低而引起冷却剂收缩时，RIS 用来向一回路补水，以重新建立稳压器水位。

在发生一回路大破口失水事故时，RIS 向堆芯注水，以重新淹没并冷却堆芯，限制燃料元件温度的上升。

在二回路蒸汽管道破裂时，向一回路注入高浓度硼酸溶液，以补偿由于一回路冷却剂连续过冷而引起的正反应性，防止反应堆回到临界状态。

（2）辅助功能②

在换料停堆期间，低压安注泵可用来为反应堆水池充水；进行 RCP 的水压试验；在失去全部电源时为主泵提供轴封水；在再循环注入阶段，低压安注泵从安全壳地坑吸水，RIS 在安全壳外的管段成为第三道屏障的一部分。

---

① 见附录 2 课程思政内涵释义表第 10 项、第 24 项。

② 见附录 2 课程思政内涵释义表第 3 项、第 11 项。

4.1.1.2 系统的组成①

主要设备有3台布置在NAB的高压安注泵；2台布置在燃料厂房的低压安注泵；1个布置在NAB的硼酸注入箱，封头上有入孔，箱内有喷雾器和加热器；1个布置在NAB的硼酸注入缓冲箱，可为硼酸注入箱的再循环回路提供缓冲能力，箱内有2套电加热器、1个搅拌器和1个带粗滤器的漏斗，大气相通；3个布置在反应堆厂房的安注箱，箱体有1个入孔和1个安全阀，氮气加压；2台布置在NAB的硼酸注入箱再循环泵；2台布置在NAB的2个机组共用的水压试验泵，其中1台的功能是增压。

4.1.1.3 系统的流程②

RIS由高压安全注入系统(HHSI，以下简称高压安注系统)、中压安全注入系统(MHSI，以下简称中压安注系统)和低压安全注入系统(LHSI，以下简称低压安注系统)3个子系统组成。高压安注和低压安注系统流程图如图4.1所示。

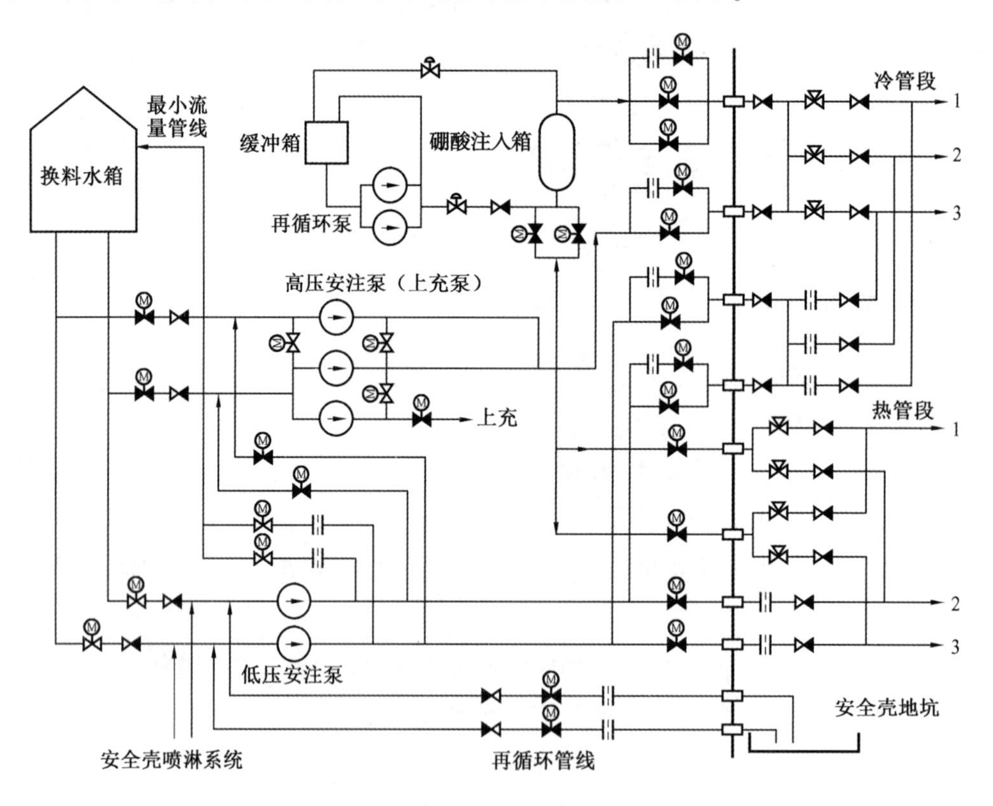

图4.1 高压安注和低压安注系统流程图

(1)高压安注

当RCP发生事故使压力下降到11.9 MPa时，高压安注系统向反应堆注入高浓度硼酸水，迅速冷却和淹没堆芯并使反应堆维持在次临界状态。

① 见附录2课程思政内涵释义表第23项。

② 见附录2课程思政内涵释义表第18项。

高压安注系统的设备有3台高压安注泵，1个浓硼酸注入箱，1个硼酸注入缓冲箱，2台硼酸再循环泵。

高压安注泵也是RCV的上充泵，正常运行时，用于向RCP充水，事故工况下，转为高压安注泵，由2台泵运行向一回路注入硼水。

高压安注系统有3条吸水管线。一条是高压安注泵直接从换料水箱吸水的管线，一条是高压安注泵与低压安注泵出口连接的增压管线，还有一条是从RCV容控箱来的吸水管线(在安注信号出现时被隔离)。

每台高压安注泵出口设有一条最小流量旁路管线，此最小流量经轴封水热交换器冷却后再循环到高压安注泵的吸入口。还有一条共用的最小流量旁路管线，管线上装有2个隔离阀，当接到安全注入信号时关闭两个阀门。

高压安注系统还有4条注水管线。一条是通过浓硼酸注入箱的管线(由安注信号启动运行)，高压安注泵出口的水流过浓硼酸注入箱，将浓硼酸溶液注入RCP冷段，由入口阀、出口阀保持隔离；一条是硼酸注入箱旁路管线，此管线在上条管线发生故障的情况下使用，正常情况下是关闭的，通过打开隔离阀，将换料水箱的硼水注入RCP冷段，与隔离阀并联安装的阀管线上带有节流孔板，用于在冷、热管段同时注入阶段以小流量向冷段注入；还有2条并联的热段注入管线，在冷、热段同时注入阶段使用，每条管线分别向两个环路热段注入。

高压安注系统还有1个硼酸再循环回路，为防止硼注入箱中的硼酸结晶，在高压安注泵的排出管设有硼酸再循环回路，将浓硼酸不断地加热再循环。

(2)中压安注

中压安注系统采用非能动理念设计。3个安注箱(001/002/003BA)分别接到RCP3个环路的冷段上，安注箱内存有质量分数约为2400 μg/g的硼水，用绝对压力约为4.2 MPa的氮气覆盖。当RCP压力降到安注箱压力以下时，由气压将含硼水注入RCP冷段，在短时间内淹没堆芯，避免燃料棒熔化。每个安注箱能提供淹没堆芯所需容积的50%，流程图如图4.2所示。

每条注入管线上的2个串联的逆止阀用来隔离安注箱，并设有对止回阀的泄漏进行试验的管线。每条管线上各有1个电动隔离阀，正常运行时打开，当回路压力低于7.0 MPa时，隔离阀关闭，防止安注箱向RCP注入硼水。

两机组共用的水压试验泵除用于一回路水压试验外，也用于从换料水箱向安注箱充水。气动隔离阀在用水压试验泵给中压安注箱充水或向中压安注箱充氮气加压时打开。

(3)低压安注

低压安注系统由2条独立管线组成。低压安注泵的出口通过隔离阀接到高压安注泵吸入联箱上，为高压安注泵增压。低压安注泵与RCP的冷、热段也有连管(与高压安注管线共用)，其中2台低压安注泵分别连到2号和3号环路的热段。当RCP压力低于低压安注泵压头时，低压安注泵也直接向RCP冷段或冷热段注入。在冷、热段同时注入

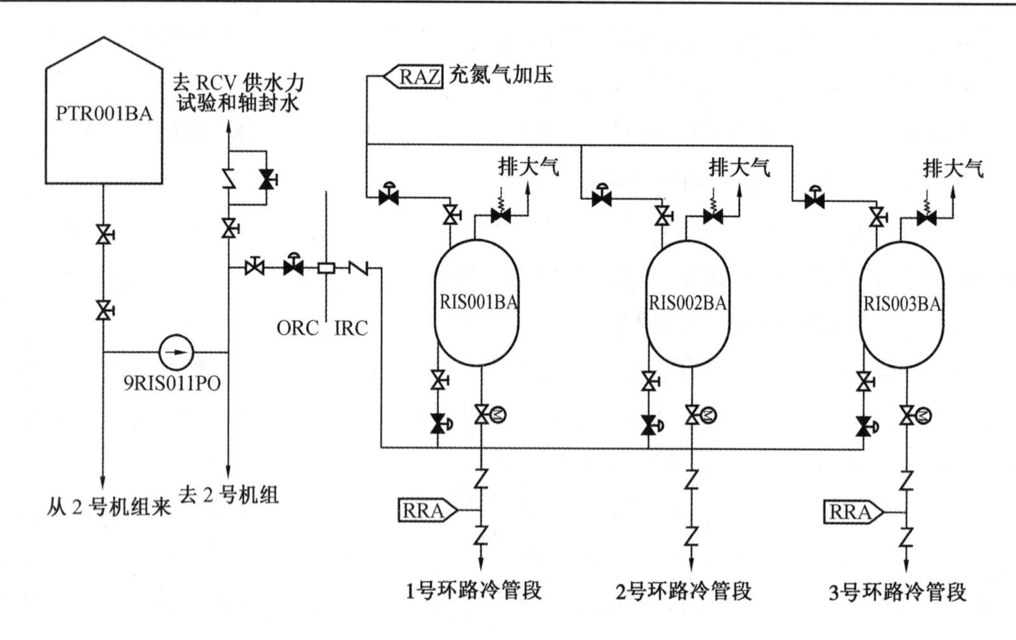

图 4.2 中压安注系统流程图

时，冷段注入流量走装有节流子板的旁路管线。

低压安注系统有2条吸水管线。直接注入阶段，2台低压安注泵通过两条独立管线从换料水箱抽水；再循环阶段，2台低压安注泵通过两条独立管线从安全壳地坑抽水。

4.1.2 三代 PXS

4.1.2.1 系统的组成①

主要设备有2个位于直接安注接管上方、安装在安全壳内二次屏蔽墙外侧的堆芯补水箱(MT-02A/B)。每个补水箱有1个入口扩散器，用来降低进口蒸汽速度；每个补水箱的下泄管线上设置1个流量调节孔板；补水箱上设有2个出入口取样接管，上取样接管常开，下取样接管常闭。

2个位于安全壳内CMT下方二次屏蔽墙外面的安注箱(ME-01A/B)，箱内硼酸质量分数约为2700 μg/g，上部空间由氮气加压，每个安注箱的安注管线设有1个流量调节孔板，氮气卸压阀可将安注箱内氮气排至安全壳内。

1个IRWST(MT-03)，IRWST是一个非常大的、不锈钢衬里的水箱，位于安全壳内操作平台的下方。IRWST通过两条直接安注管线与RCS相连。IRWST内含有一个非能动堆芯余热导出热交换器(PRHR-HX)和两个卸压喷淋器。PRHR-HX冷却管的顶部位于水面以下，喷淋器也淹没在IRWST里，喷淋器的支架位于正常水位以下。IRWST顶部设有通风孔。PRHR-HX或ADS运行时，排气装置自动开启，IRWST的水会溢到换料堆腔

① 见附录2课程思政内涵释义表第23项。

中，尽量减少安全壳水淹。借助 RNS，可以实现 IRWST 向 RCS/换料堆腔疏水或汲水，借助 SFS 进行净化和取样，还可以通过 CVS 进行远程调节硼浓度，而且 RNS 也可以对 IRWST 进行冷却。在操作平台的高度设有 1 个集水槽，以便在事故工况下收集 PXS 系统的冷凝水并返回换料水箱。在正常运行时，收集的冷凝水排向安全壳地坑。

1 个 PRHR-HX(ME-01)，PRHR-HX 是直立 C 型管型式热交换器。PRHR-HX 位于 IRWST 中，C 型管顶部位于 IRWST 液面以下。PRHR-HX 入口管线通过一个常开的电动阀与 RCS1 号环路热段相连。出口管线经两个并联常闭气动阀与蒸发器冷段腔室相连，出口管线位于入口管线接头的正下方且接近 IRWST 的底部。

2 个 pH 值调节篮，PXS 采用 pH 值调节篮对安全壳地坑的 pH 值进行控制。pH 值调节篮由不锈钢制成，外表面覆有一层筛网，可以直接与水接触。1 个位于水箱底部的 IRWST 滤网，一端 1 个，垂直放置，由拦污栅和 1 个纤细的滤网组成。2 个安全壳再循环滤网，每条安全壳再循环流道对应 1 个安全壳再循环滤网，由拦污栅和纤细滤网组成。2 个浸没在 IRWST 中的卸压喷淋器，与 ADS 的两路排放管相连，喷淋头的总管是立式结构，有 4 个向下倾斜的臂状支管。

主要的阀门有 6 个低压差止回阀、1 个蓄压箱卸压阀、4 个 IRWST 注入隔离阀、4 个安注箱止回阀等。

4.1.2.2 系统的流程①

(1)应急(非能动)堆芯余热排出子系统

此系统用于在非 LOCA 下堆芯衰变热的导出。如图 4.3 所示。

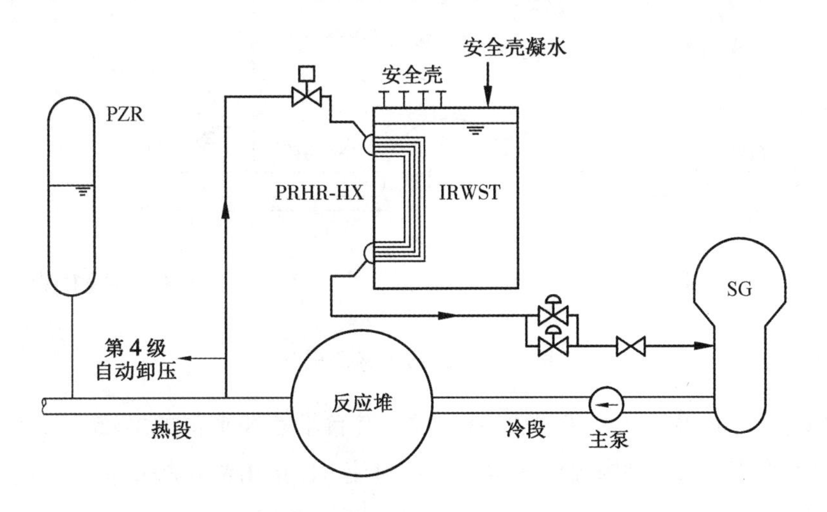

图 4.3 应急(非能动)堆芯余热排出子系统

① 见附录 2 课程思政内涵释义表第 18 项。

IRWST 的位置高于反应堆，有利于自然循环的建立。PRHR-HX 布置在 IRWST 内，以水箱内的水作为冷却介质。PRHR-HX 和反应堆之间存在位差和温差，由此将产生反应堆冷却剂的自然循环压头。在主泵脱扣前，主泵为 PRHR-HX 提供强制流。主泵停止后，PRHR-HX 继续以自然循环方式将堆芯衰变热传递到 IRWST。核电站正常运行时，集水槽中收集的水被引向地坑。当 PRHR-HX 启动后，集水槽疏水管上的安全级隔离阀自动关闭，凝结水溢出水槽返回 IRWST。PRHR-HX 能够保持安全停堆工况，将 RCS 的余热和显热通过 PCS 喷洒的冷却水和安全壳外空气的自然对流冷却。

(2)安注子系统

安注子系统包括 2 个堆芯补水箱，2 个安注箱，1 个 IRWST 和相应的管道、阀门、仪表，如图 4.4 所示(系统一般都设有 2~3 条冗余管线，流程图只画 1 条，仅做部分展示)。

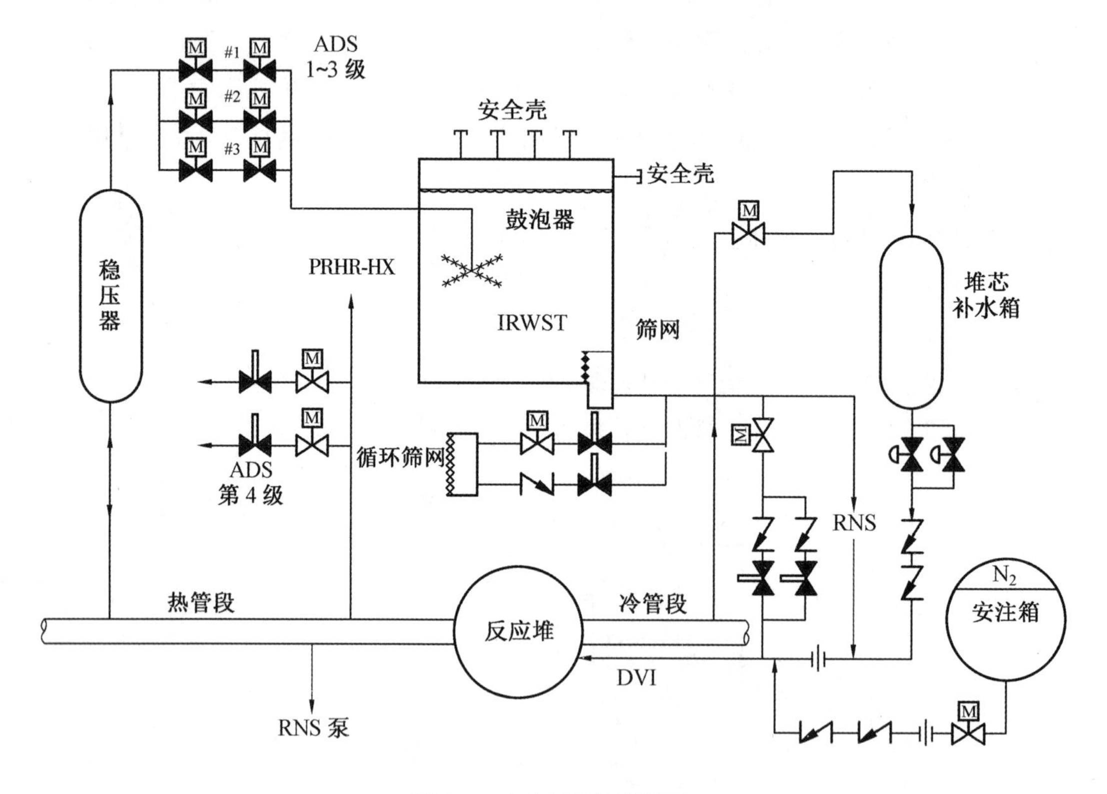

图 4.4 安注子系统流程图

在 LOCA 下，PXS 有 4 种非能动注射水源：2 台堆芯补水箱提供较长时间较大的注射流、2 台安注箱在数分钟内提供非常大的注射流、1 个 IRWST 提供很长时间较小的注射流，上述 3 个水源完成注射后，受淹的安全壳作为长期水源，以自然循环方式为堆芯提供长期再循环冷却。4 种水源均采用非能动的注射方式，每种水源均设置 2 个多重的注射系列。

每个系列的安全壳再循环注射管分为两路，一路装有 1 个电动阀和 1 个爆破阀，另一路为 1 个止回阀和 1 个爆破阀。当换料水箱的液位低时，爆破阀和电动阀自动打开，安全壳再循环地坑内的水经再循环滤网进入反应堆。

(3)安全壳内 pH 值控制子系统

安全壳内 pH 值控制子系统包括 4 个 pH 值调节篮，其布置高度低于事故后最低淹没水位，当淹没水位达到篮子高度时，即形成非能动的化学物添加。pH 值调节篮中装有颗粒状的磷酸三钠。将安全壳再循环水的 pH 值控制在 7.0~9.5 范围内。

(4)阀门泄漏试验子系统

在停堆换料检修工况时，一个阀门泄漏试验屏可以对一回路压力边界隔离阀进行泄漏试验。系统对以下阀门设置了试验接头，包括 4 个安注箱逆止阀和 8 个 RNS 阀门。其中，RNS 阀门包括与 RCS 热段连接的 RNS 入口管线上的 4 个电动阀、与压力容器直接注入管线连接的 RNS 出口管线上的 2 个逆止阀和 2 个切断式止回阀。

(5)ADS

ADS 是 RCS 的组成部分，并与 PXS 有接口(前 3 级阀门向 IRWST 排放的喷淋器属于 PXS)。

ADS 阀门的开启次序为反应堆冷却剂系统提供了一个可控的卸压过程。

ADS 阀门包括 4 级阀门。前 3 级每一级有 2 条管线，每条管线上有 2 个串联的常闭阀门。第 4 级有 4 条管线，每条管线上有 2 个串联的阀门，一个阀门是常开的，另一个是常闭的。因此，4 级阀门总共包含 20 个阀，它们会顺次打开。

4.2 二代加 EAS 与三代 PCS

4.2.1 二代加 EAS

4.2.1.1 系统的功能

(1)主要功能①

在发生 LOCA 或安全壳内蒸汽管道破裂事故情况下，EAS 通过喷淋冷凝蒸汽，使安全壳内压力和温度降低到可接受的水平，确保安全壳的完整性。

(2)辅助功能②

带走散布在安全壳大气内的气体裂变产物，尤其是^{131}I；限制喷淋的硼酸对金属设备的腐蚀；当反应堆厂房发生火灾时，手动喷淋灭火；在冷停堆工况下，EAS 冷却 PTR001BA 内的水；在 LOCA 后 15 天，EAS 泵作为 RIS 低压安注泵的备用，在再循环喷淋阶段，EAS 泵从安全壳地坑吸水。

① 见附录 2 课程思政内涵释义表第 10 项、第 24 项。

② 见附录 2 课程思政内涵释义表第 3 项、第 11 项。

4.2.1.2　系统的组成①

每台机组由 2 条相同的管线(系列 A 和系列 B)组成。每条管线主要由 1 台安装在核燃料厂房地下室竖井中的喷淋水泵(001PO, 002PO)、1 个化学添加剂喷射器(001EJ, 002EJ)、1 个直通管式喷淋水热交换器(001RF, 002RF)、2 条位于安全壳顶部不同标高的喷淋集管以及共用的化学剂回路组成。

2 条管线共用的化学剂回路包括 1 个装有 30%NaOH 溶液的化学添加剂箱 001BA 和 1 台搅混泵 003PO。此外，还有 2 条管线共用的连接换料水箱的喷淋泵试验管线。试验管线上装有两组串联的电动阀，以隔离换料水箱。

除喷淋集管和部分管道位于反应堆厂房外，其他均位于核燃料厂房。

安全壳地坑的作用是收集安全壳内的泄漏水和喷淋水，以便再循环使用。地坑位于反应堆厂房环廊区域内，标高 3.5 m。地坑的过滤系统由大碎片拦污栅(EAS004FI)和 4 台过滤器(EAS005FI, EAS006FI 和 RIS005FI, RIS006FI)构成，其中 4 台过滤器各有 3 道过滤筛网，分别位于 EAS 和 RIS 泵的进水口，被 EAS004FI 所包容。EAS004FI 阻挡直径大于 5 mm 的大碎片，而 EAS005FI, EAS006FI 用于阻挡直径大于 0.25 mm 的颗粒物，避免喷嘴堵塞。

4.2.1.3　系统的运行

EAS 供水分两个阶段：第一阶段(直接喷淋)从换料水箱 PTR01BA 取水，第二阶段(再循环喷淋)从安全壳地坑取水。系统流程图如图 4.5 所示。

(1)直接喷淋阶段②

喷淋信号启动后，通往换料水箱管线上的电动隔离阀开启，从 PTR001BA 吸水；连接地坑的阀门关闭；启动喷淋水泵；关闭热交换器下游与 PTR001BA 连接的阀门(每系列 2 个)；打开通往 IRC 的安全壳隔离阀；打开化学添加剂箱上游阀门，停止搅拌泵 003PO；打开喷淋热交换器冷却水阀；5 min 后打开化学添加剂箱与喷射器之间的阀门(每系列 1 个)，注入氢氧化钠溶液。当 EAS001BA 到达低液位时，将上述所有阀门关闭。

(2)再循环喷淋阶段③

自动转换到再循环喷淋：确认喷淋水热交换器冷却水阀已打开，打开安全壳地坑吸水管线上的阀，关闭通往换料水箱管线上的电动隔离阀。

手动转换到再循环喷淋(异常情况下)：当两个系列都在运行时，先转换一个系列，手动复位该系列喷淋信号，再停运相应的喷淋泵，等泵完全停转后，关闭通往换料水箱管线上的电动隔离阀，并开启地坑隔离阀。当此阀全开后，再启动泵，然后进行另一系列的转换。

---

① 见附录 2 课程思政内涵释义表第 23 项。

②③ 见附录 2 课程思政内涵释义表第 13 项。

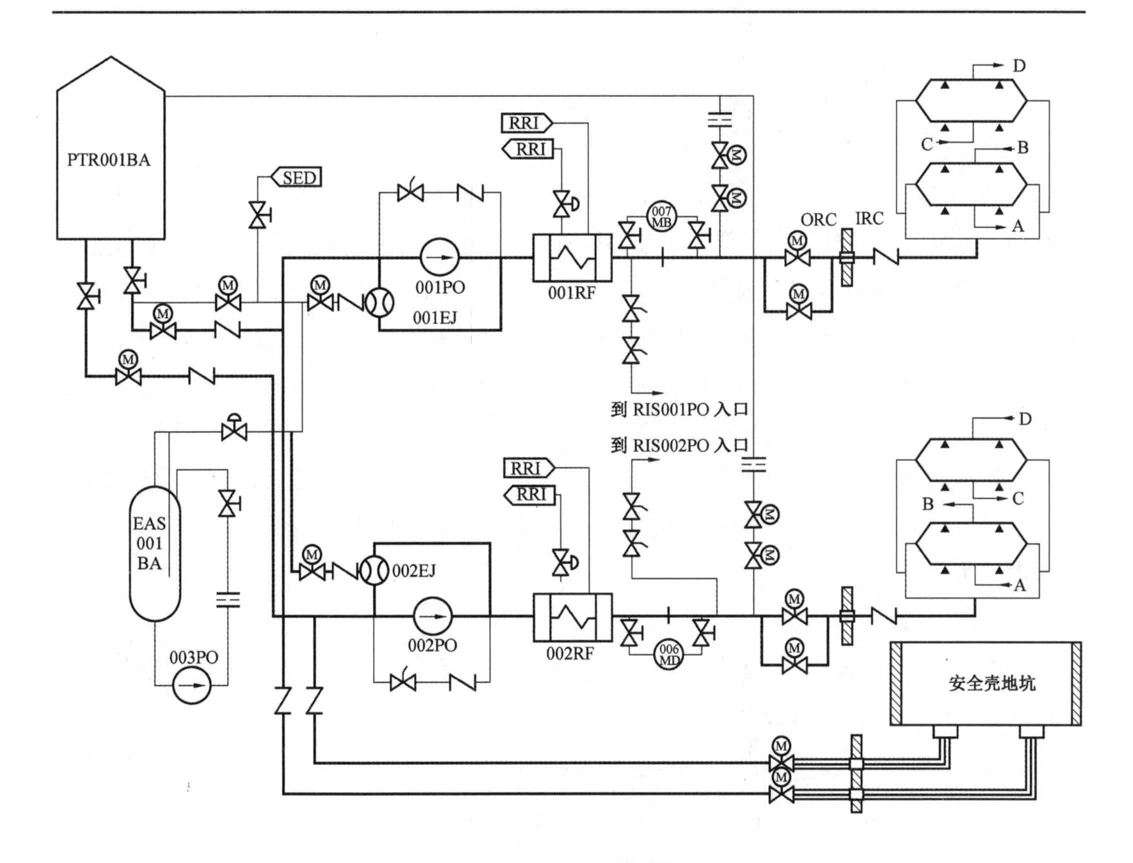

图 4.5　EAS 系统流程图

由于锆水反应产生氢气，当安全壳内氢质量分数达到 1%～3%时，启动安全壳内大气监测系统(ETY)的氢复合装置进行消氢。

(3)待命状态①

机组正常运行时，EAS 系统处于待命状态，除搅拌泵 003PO 间断投运外，其余设备均停运备用。通往换料水箱管线上的电动阀开启，以便在一旦需要投入 EAS 喷淋时，能迅速从 PTR001BA 吸水。

从安全壳地坑到安全壳电动隔离阀(每系列 2 个)之间的管道内长期充满水，目的是防止在喷淋泵入口管道内形成空气腔，但通往 IRC 的安全壳隔离阀是关闭的，以防止由于喷淋泵事故启动造成误喷淋。地坑吸水管线的隔离阀正常关闭。

化学添加剂箱与喷射器之间的阀门以及从 PTR001BA 通往喷射器的电动隔离阀关闭，使 NaOH 储存箱与喷淋回路隔离。

① 见附录 2 课程思政内涵释义表第 14 项。

4.2.2 三代 PCS

4.2.2.1 系统的组成

主要设备有1个位于辅助厂房附近的非能动安全壳冷却水贮存箱，贮存箱有4个出口管道，连接到同一母管，母管有3条并行管道，4个流量控制孔板，2条供水管线供水至位于安全壳穹顶正上方的水分配盘，水分配盘侧壁有16个均匀分布的V形槽；1个水分配围堰，属于径向分配装置；1个位于辅助厂房附近的非能动安全壳冷却辅助水箱，水箱设有液位测量、温度测量、报警装置、电加热器等；1个位于辅助厂房内的化学添加箱，可向贮存箱注入过氧化氢或其他除藻剂，以控制藻类植物生长；2台再循环泵；1个贮存箱再循环加热器；1个辅助水箱加热器。母管的3个并行管道上设有6个隔离阀，其中2组由气动蝶阀与电动阀串联组成，气动蝶阀常闭，上游电动阀常开，第3组由2个电动阀组成。

4.2.2.2 系统的运行

非能动安全壳冷却包括2个过程，即安全壳外壁面的水膜冷却和安全壳与混凝土屏蔽厂房之间的空气自然对流冷却。如图4.6所示

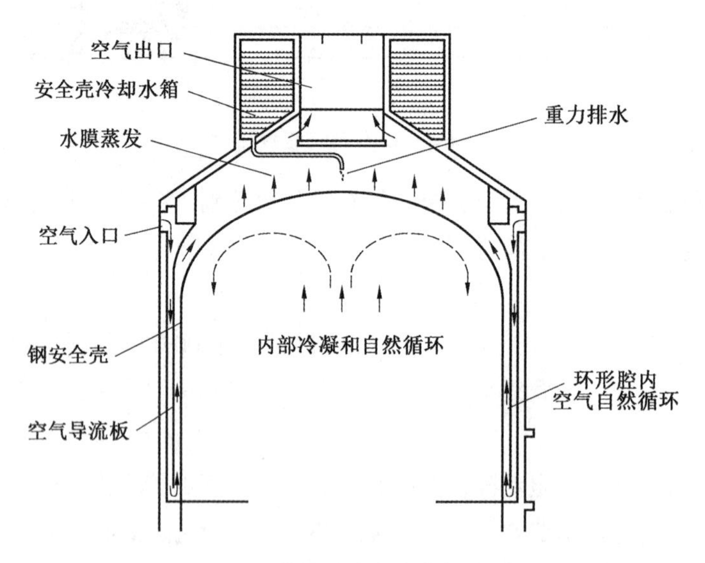

图4.6 非能动安全壳冷却流程图

(1)水冷却流程

PCS触发后，供水并联管线上的3个常闭隔离阀自动开启，冷却水贮存箱依靠重力流向安全壳穹顶的外表面，形成1层水膜。然后，水流被环形板形成的第一道围堰挡住。该围堰稍低于穹顶的第一条环焊缝。它收集16个扇形区的冷却水，冷却水再经分配盘流入围堰槽，重新在穹顶外壁均匀地分配水流。接着，第二道围堰再次收集和分配冷却水，以提高穹顶上水膜的覆盖率。在极端冷或热的气候条件下，冷却水分配装置均能有效地完成其功能。

(2)空气冷却流程

空气冷却由空气的出入口和空气导流板(隔板)组成。空气导流板将屏蔽厂房和钢安全壳之间的环形空间分隔成内外两个腔室。在空气流道中形成一个自然循环驱动力，使空气通过屏蔽厂房上部的入口筛网进入并沿着安全壳壳体外表面向上流动。空气流过一些固定的百叶窗并向下旋转 90°进入安全壳屏蔽厂房的外部环形空间。空气由安全壳屏蔽厂房的外部环形空间向下到达底部空气导流板，空气导流板弯曲的叶片使空气流向上旋转 180°，进入安全壳屏蔽厂房的内部环形空间。空气向上流过安全壳屏蔽厂房的内部环形空间，冷却钢制安全壳(SCV)，被加热的空气由自然循环继续向上沿 SCV 外表面到达安全壳的顶部，通过屏蔽厂房顶部的排放烟囱排放。沿安全壳壳体向上流动的空气增强了来自 SCV 外表面的冷却水的蒸发，降低了安全壳内的压力和温度。

4.3 二代加 EIE 与三代 CNS

4.3.1 二代加 EIE

为保证安全壳的功能不受到损害，贯穿安全壳壳体的管道系统必须有适当设施，以便在发生事故时接到安全壳隔离信号后能将安全壳隔离，这些设施组成了 EIE。EIE 不是一个独立的系统，而是分散地、单个地结合在各有关系统中，涉及几乎所有的核岛系统和主蒸汽系统(VVP)等约 26 个系统。

4.3.1.1 系统的功能①

在发生 LOCA 时，EIE 使除专设安全设施以外的穿过完全壳的管道及时隔离，从而减少放射性物质的对外释放；在主蒸汽管道发生破裂时，它及时隔离 SG，以防 RCP 过冷和安全壳超压。

4.3.1.2 系统的组成②

EIE 主要由各种贯穿件、隔离阀和相应管道组成。

凡属于主回路一部分或直接与安全壳内大气相通的贯穿管路，或者在安全壳内未形成封闭系统的，一般都采取在安全壳内外各设 1 个隔离阀。

非主回路一部分，又不直接与安全壳内大气相通的贯穿管路，则至少在安全壳外侧设 1 个隔离阀。

① 见附录 2 课程思政内涵释义表第 12 项。

② 见附录 2 课程思政内涵释义表第 23 项。

4.3.1.3　系统的运行①

EIE 由安全壳隔离信号或手动启动，根据事故发展的进程分为 2 个阶段隔离不同的管路。

4.3.2　三代 CNS

钢制安全壳是不需要支撑物的圆柱形钢制容器，包括椭圆形的上部封头和下部封头。整个 SCV 被包容在混凝土屏蔽厂房里，包括外壳、刚性箍、环吊大梁、设备闸门、人员闸门、贯穿件及各种附属设备。

钢制安全壳共设有 2 个设备闸门，1 个在运行平台层，1 个在维修平台层。每个设备闸门带有双垫圈密封。每个设备闸门都配备 1 台电动吊车。

钢制安全壳共设 2 个人员闸门，分别邻近每个设备闸门。每个人员闸门由 2 道门组成，2 道门之间的空间能够容纳 10 名人员，长度可以容纳 2 名穿防护服的人员抬 1 副人员担架。人员闸门从钢制安全壳伸出，穿过屏蔽厂房，并由钢制安全壳提供支撑。每个人员闸门都由 2 个带双衬垫、压力密封的门串联组成。这两道门具有机械互锁的功能，可以防止同时开启，并可以保证一道门开启之前另外一道门是关闭的。

三代 CNS 有 36 个机械贯穿件，23 个是常闭的，其中 8 个贯穿件的隔离阀正常处于开启位置；3 个是备用的；10 个正常开启的贯穿件中的 7 个是故障关闭隔离阀，其余 3 个是故障保持阀位的隔离阀，具有缓解事故后果的作用。

电气贯穿件由 3 个或者 6 个模块组成，并通过带有防水层的套管穿过安全壳。三代 CNS 共有 24 个电气贯穿件(包括 1 个备用电气贯穿件)。

每个电气贯穿件都设有 2 道屏障，保护贯穿件的密封设备免于直接暴露在安全壳内恶劣的环境中，贯穿安全壳的每根管道上均配有安全壳隔离阀和试验接口，这些阀门和试验接口是其所属系统的一部分，而不属于 CNS②。

4.4　其他系统

4.4.1　二代加 ASG

4.4.1.1　系统的功能

二代加 ASG 能够代替主给水系统(FWS)或作为应急手段向 SG 二次侧供水，使一回路维持 1 个冷源，排出堆芯剩余功率，直到 RRA 投运。ASG 的除氧装置可为 REA 水箱提供除盐除氧水。

① 见附录 2 课程思政内涵释义表第 13 项。

② 见附录 2 课程思政内涵释义表第 15 项。

4.4.1.2　系统的组成

主要设备有 1 个用氮气覆盖的辅助给水贮存箱，补水来自凝结水抽取系统(CEX)、除氧器和常规岛除盐水分配系统(SER)；2 台辅助电动给水泵；1 台辅助汽动给水泵，由 VVP 旁路供汽；6 个限流孔板；1 个 2 台机组共用的除氧器；2 台除氧循环泵；1 台再生式热交换器；1 个冷凝水贮存罐；1 个冷却器。

4.4.1.3　系统的流程①

ASG 由 2 机组独立的部分和 2 机组共用的部分组成。ASG 流程图如图 4.7 所示。

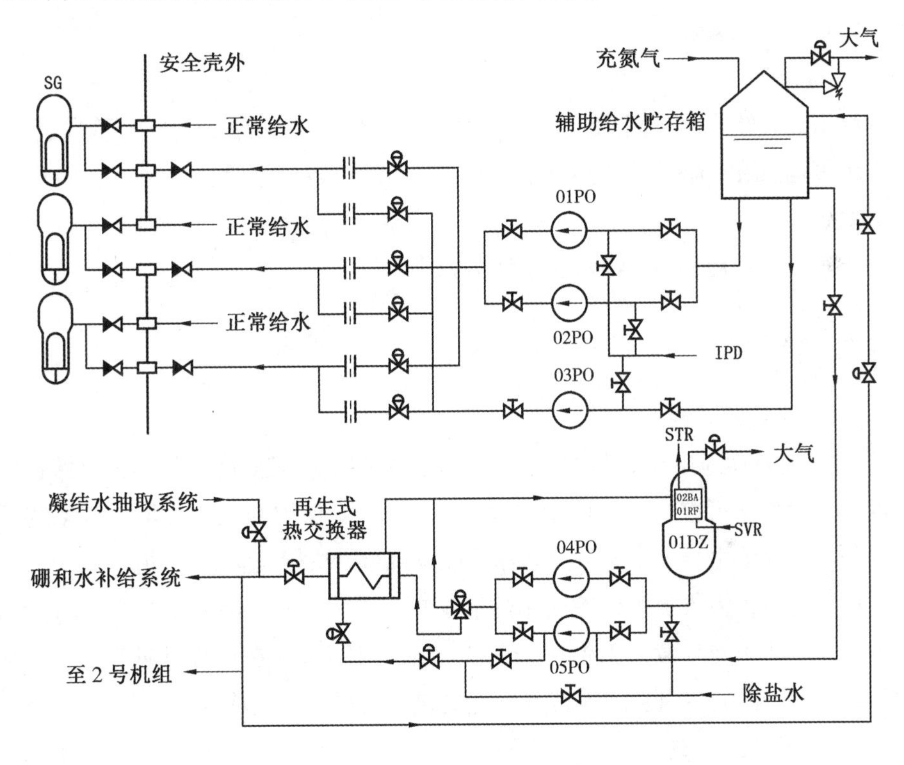

图 4.7　ASG 流程图

(1)辅助给水管线

辅助给水泵从辅助给水贮存箱吸水，经流量调节阀及限流孔板送往蒸发器。

(2)贮存箱补水管线

经除氧器除氧后的水通过阀和充水管线进入水箱，水箱内的水可通过排水管线进入除氧器进行再除氧或加热。紧急情况下，可直接从消防水分配系统抽水。

(3)除氧器管线

来自 SER 或 SED 的除盐水，通过再生式热交换器加热后进入除氧器(01DZ)，除氧后分别供给 ASG 和 REA 水箱。

除氧器内的水由除氧泵抽出，由三通阀分配，经再生式热交换器冷却后供给辅助给

① 见附录 2 课程思政内涵释义表第 18 项。

水贮存箱、REA 水箱，回除氧器循环加热。

辅助给水贮存箱的水也可由除氧泵经再生式热交换器进入除氧器进行处理。

由辅助蒸汽分配系统(SVA)来的蒸汽通过除氧器内的加热器，加热除氧器内的水，其冷凝水进入冷凝水贮存罐及冷却器，由常规岛闭路冷却水系统(SRI)冷却后通过蒸汽转换器系统(STR)回收。

1，2 号机组 CEX 凝结水泵的出水管线与除氧装置的出口管线相连，可用冷凝器的水作为 ASG 水箱的补充水源。

4.4.1.4　系统的运行

(1)备用状态

辅助给水贮存箱充水到高水位和“高高水位”之间，由除氧器再循环管线进行加热；辅助给水泵停运；给水流量调节阀置于全开位置，除氧装置停运。

(2)系统启动

辅助给水泵自动启动后，给水流量调节阀全开。

4.4.2　三代 VES

4.4.2.1　系统的功能①

三代 VES 能自动地启动和非能动运行，保证主控室可居留性和限制核电站选定区域内的温度。当发生不可控的放射性泄漏后，提供一个受保护的工作环境。该系统可以不依靠厂内和厂外交流电源、操纵员的动作或能动部件，执行安全相关功能。

通过通风为主控室人员提供呼吸用的清洁空气；通过加压保持主控室相对周围环境有一个微正压，防止受气载放射性污染的空气进入主控室；在设计基准事故后，利用建筑物的热容量，为核电站内必须保持其功能的设备提供非能动冷却。

4.4.2.2　系统的组成②

主要设备有 32 个应急储气罐；2 个位于压力调节阀和流量计孔板下游的主供气管道隔离阀，为常闭电磁球阀；2 个位于储气罐下游的压力调节阀；2 个卸压隔离阀，为常闭气动蝶阀；4 个储气罐安全阀，每个安全阀为每根储气罐集管上的 8 个储气罐提供超压保护；1 个常闭的补气管道手动隔离阀；4 个储气罐手动隔离阀；1 个常开的主供气管道手动隔离阀；1 个常闭的备用供气管道手动隔离阀；2 个位于压力调节阀下游的流量计孔板；2 个卸压挡板；1 个控制室出入门，为气锁型双重门廊；11 个带气瓶的独立便携式呼吸器(不属于 VES)。

① 见附录 2 课程思政内涵释义表第 10 项、第 24 项。

② 见附录 2 课程思政内涵释义表第 23 项。

4.4.3 三代 VLS

4.4.3.1 系统的功能

(1)安全相关功能[①]

在设计基准事故情况下，限制并降低安全壳内的总体氢气浓度，防止安全壳内的氢气浓度达到可燃限值。

(2)非安全相关功能

氢气监测器为核电站控制系统(PLS)提供输入信号。为了支持多样化手动触发，传感器的输出显示在主控室，为操纵员提供信息，以便决定是否需要投入安全壳氢气点火器。

4.4.3.2 系统的组成

VLS 提供 3 组冗余的氢气监测通道，分布在安全壳穹顶，由 1 个热导探测器和 1 个放大器组成。2 个位于安全壳内的能动自动催化复合器(PAR)，可使氢气和氧气复合；64 个布置在安全壳内的氢气点火器，分 2 组，每组 32 个。点火器组件是 1 个电热塞。

4.4.3.3 系统的运行

在核电站正常运行期间，VLS 处于备用状态，通过氢气探测器连续监测安全壳内氢气浓度。定期试验和检查可确保探测器功能的可用性。

4.5 对 比

第一，RIS 与 PXS 在结构设计上有很大区别：PXS 完全按照非能动原理进行设计，而 RIS 中只有中压安注系统属于非能动系统；PXS 以水箱为主体对系统流程进行描述，而 RIS 以管线为主体对系统流程进行描述；RIS 与 PXS 的子系统划分方式不同。

第二，PCS 在结构上比 EAS(见 4.2.1 节)要复杂一些；在设备组成方面，两者也有一些不同。PCS 完全按照非能动原理进行设计，采用重力注射和压缩气体膨胀等非能动技术；PCS 增加了空气冷却功能与管线。

第三，三代技术中增加了 CNS，安全壳隔离系统(CIS)属于 CNS 的一部分。CNS 减少了安全壳机械贯穿件的数量，增加了常闭隔离阀的数量。

第四，二代加技术中将 ASG 作为 SG 的应急给水划入专设安全设施，其对应三代技术中的启动给水系统(SFWS)，属于 FWS 的一部分。

第五，三代技术的专设安全设施增加了 VES 和 VLS[②]。

---

① 见附录 2 课程思政内涵释义表第 12 项。

② 见附录 2 课程思政内涵释义表第 28 项。

第 5 章　二回路辅助系统

二代加的压水堆技术将二回路辅助系统分为蒸汽系统和给水加热系统两部分，三代的压水堆技术称为二回路汽水循环系统。

其中，蒸汽系统包括 VVP、汽轮机旁路排放系统(GCT)、汽水分离再热器系统(GSS)、CEX、汽轮机蒸汽和疏水系统(GPV)、STR、SVA；给水回热系统包括低压给水加热器系统(ABP)、高压给水加热器系统(AHP)、给水除氧器系统(ADG)、汽动主给水泵系统(APP)、电动主给水泵系统(APA)、电动主给水泵润滑系统(AGM)、主给水流量控制系统(ARE)。

二回路汽水循环系统包括主蒸汽系统(MSS)、汽轮机旁路排放系统(TEB)、汽水分离再热器系统(SRS)、凝结水系统(CDS)、汽轮机回热和除氧系统、FWS、加热器疏水和排气系统(HDS)、蒸汽发生器排污系统(BDS)。

二代加技术将蒸汽发生器排污系统(APG)归为汽轮机辅助系统。

5.1　二代加 VVP 与三代 MSS

5.1.1　二代加 VVP

5.1.1.1　系统的功能

二代加 VVP 能够将产生的新蒸汽分配到以下用户：汽轮机高压缸、汽水分离再热器、除氧器、主给水汽动泵小汽轮机、汽动辅助给水泵汽轮机、蒸汽旁路排放系统的冷凝器和大气排放管线、汽轮机轴封系统(CET)、辅助蒸汽转换器。

5.1.1.2　系统的组成①

按照安全级别，VVP 分为核岛部分(如图 5.1 所示)和常规岛部分(如图 5.2 所示)。

(1)核岛部分

3 条主蒸汽管道穿出安全壳，经主蒸汽隔离阀后汇集到 1 根蒸汽母管。每条主蒸汽管道包括：

① 见附录 2 课程思政内涵释义表第 23 项。

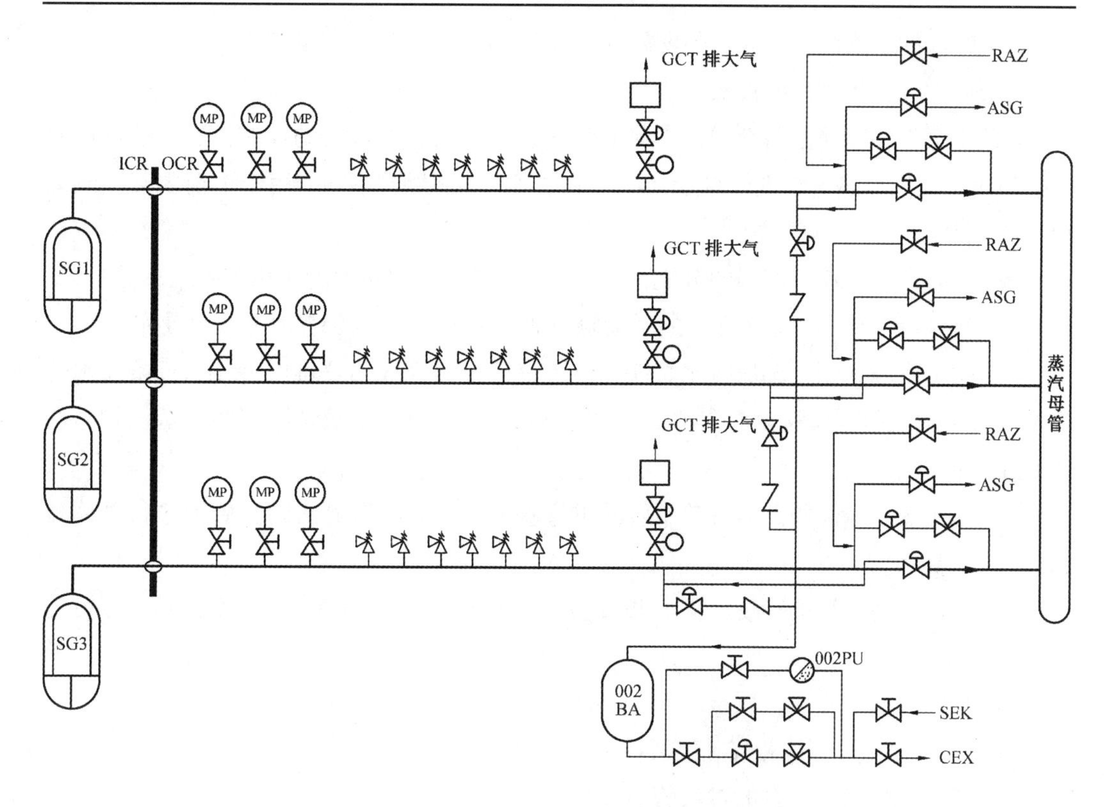

图 5.1 核岛部分示意图

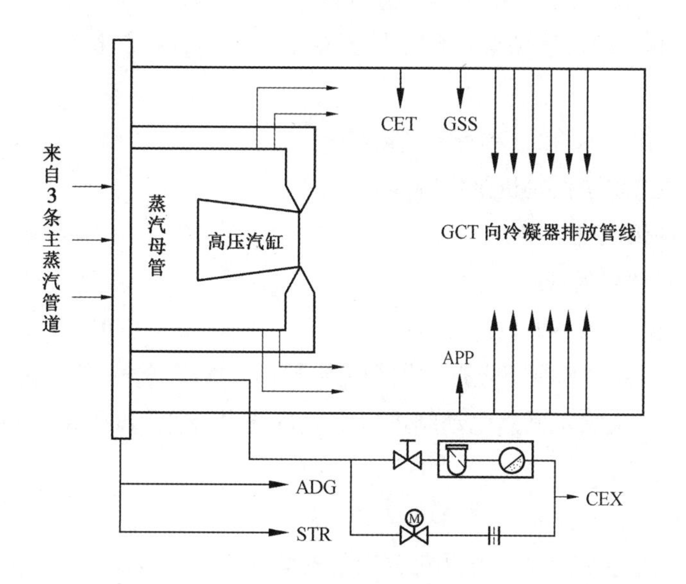

图 5.2 常规岛部分示意图

7个安全阀，其中第3，6，7个为动力操作，用于将二回路侧压力限制在蒸发器的设计压力以下，其余4个为弹簧加载，用于在应急和事故工况下，将二回路侧压力限制在SG设计压力的110%；

1 个常开的主蒸汽隔离阀，在收到主蒸汽管线隔离信号后 5 s 内关闭；

1 个向大气排放蒸汽的接头；

1 条主蒸汽隔离阀旁路管线，装有 1 台气动隔离阀和 1 台气动控制阀，在核电站启动期间用于提供加热蒸汽进行暖管，以及在主蒸汽隔离阀开启时，用于平衡主蒸汽隔离阀两侧压力；

1 个装有常开气动隔离阀的分支接头，用来向辅助给水泵汽轮机供汽；

1 个氮气供应接头，带有常关的手动隔离阀，在 SG 干、湿保养时充氮气使用；

1 个主蒸汽隔离阀上游的疏水接头，在蒸汽管线暖管或热停堆时使用，每条疏水管线上设有 1 个气动隔离阀和 1 个逆止阀，逆止阀的作用是在事故情况下防止蒸汽管路的任何连通；

1 条从主蒸汽隔离阀到蒸汽疏水管线的平衡管，在主蒸汽隔离阀开启前进行阀体疏水。

3 条主蒸汽管线里的冷凝水先收集在位于汽轮机厂房内的疏水罐(002BA)，然后送到冷凝器或排放箱。

(2)常规岛部分

蒸汽母管与用户管线相连，包括：

4 条通向汽轮机高压缸的进汽管道；

从母管两端引出 2 条延伸管线，经由蒸汽旁路排放系统通向冷凝器，末端用 1 根平衡管线连接在一起，每条管线与每台冷凝器有 2 根连接管线(共 3 台冷凝器，12 根支管)；

1 根向除氧器供汽的管线接头；

2 根向汽动主给水泵汽轮机供汽管线接头；

1 根向 GSS 的供汽管线接头；

1 根向 CET 的供汽管线接头；

1 根向辅助蒸汽转换器的供汽管线接头；

4 根疏水管线，正常情况下经过滤器和疏水器排入冷凝器，在低负荷(功率小于 30% FP)及疏水器高水位时自动开启电动阀进行大流量疏水，主蒸汽管系统布置成各管线都向母管倾斜，以便疏水。

(3)测量通道

每条主蒸汽管线上设有 3 个压力变送器，安装在安全壳处，主蒸汽隔离阀上游。属于反应堆保护系统(RPR)的一部分，可提供主蒸汽管线高压差时安注信号、主蒸汽管线“低低压力”时主蒸汽管线隔离信号、主蒸汽管线蒸汽压力低且蒸汽流量高时主蒸汽管线隔离信号。

主蒸汽母管两侧有 2 个压力测量通道，可提供主控室母管压力指示、汽动主给水泵控制器提供就地压力指示，用于蒸汽旁路排放系统向冷凝器的排放流量控制和汽动主给水泵转速控制等信号。

每条主蒸汽管线上设有2个流量测量仪表，也属于RPR的一部分，可提供以下信号：当高蒸汽流量与低蒸汽压力或一回路平均温度低低相符合时，发出蒸汽管线隔离信号和安全注射信号；当给水和蒸汽流量不一致与蒸发器水位低同时发生时，发出反应堆紧急停堆信号。

另外，这些测量通道还提供主控室指示和计算机模拟量输入信号、汽动主给水泵的转速和主给水阀开度控制信号。

5.1.2 三代MSS

5.1.2.1 系统的组成

三代MSS主要由管道、阀门和相关仪表组成。其管道和部件主要布置于汽轮机房内，与核岛的分界在核岛辅助厂房外墙处。

5.1.2.2 系统的流程

(1)主蒸汽管线

从母管通过4根独立的蒸汽管道和主汽轮机的4组主汽阀联合组件向高压缸供汽。当主汽轮机系统不可用时，通过旁路系统直接排至凝汽器。同时从蒸汽母管接出两路支管向汽水分离再热器(MSR)二级再热器管束提供再热蒸汽。

(2)辅助蒸汽系统(ASS)供汽管线

从主蒸汽管道接一路支管至ASS。ASS管道上设有电动隔离阀、控制装置和控制阀。启动过程中，为除氧器预热凝结水。汽机跳闸后，向除氧器提供加热蒸汽。

(3)向汽机轴封供汽管线

蒸汽母管接一支管为汽轮机轴封系统(GSS)供汽。机组启动过程中向汽轮机轴封提供蒸汽。机组启动后，随着负荷上升，轴封供汽从辅助蒸汽切换至主蒸汽供汽。主蒸汽至轴封供汽支管设置电动阀，用于隔离主蒸汽与轴封系统。

(4)汽轮机抽汽输送管线

从汽轮机抽汽口至各级低压加热器、高压加热器及除氧器壳体入口，采用7级回热加热器系统，包括4级低压加热器、1个除氧器和2级高压加热器。

(5)疏水管线

在主蒸汽管道可能聚集疏水的低位点设置疏水点，疏水管线上设有疏水器、气动疏水阀及旁路。

(6)仪表通道

在主蒸汽和抽汽疏水集管上配备液位测量仪表；压力仪表用于测量高压缸上游MSS压力、MSR再热供汽压力、给水加热器壳体压力、高压缸抽汽压力；流量仪表用于测量MSR再热供汽流量；温度仪表主要用于测量MSR再热供汽温度。

◆◇ 5.2　二代加 GCT 与三代 TEB

5.2.1　二代加 GCT

5.2.1.1　系统的功能

当堆功率与汽机负荷不匹配时，二代加 GCT 能够将多余的蒸汽排向冷凝器或除氧器或大气。

一般情况下，蒸汽优先排向冷凝器。当核电站由满功率甩负荷至厂用电或满功率时汽轮机脱扣时，除向冷凝器排放蒸汽外，还须向除氧器排放。当向冷凝器排放系统不可用时，则向大气排放。

5.2.1.2　系统的组成①

(1)冷凝器排放

从蒸汽母管两端引出两根排放管线，从两侧进入 3 台冷凝器喉部的 6 个扩散器(也称减温减压装置)，每个扩散器连接 2 根排放支管，共 12 根排放支管。

每根支管上有 1 个手动常开的隔离阀和 1 个气动控制阀。扩散器的冷源为凝结水，经 1 个手动隔离阀后分两路向冷凝器两侧的扩散器供水。每根供水管线上设有 1 个冷却水流量控制阀和 1 个减压孔板。

(2)除氧器排放

从蒸汽母管一端引出 1 条管线并分成 3 根支管，每根支管上有 1 个隔离阀和 1 个气动控制阀。正常工况下，将新蒸汽引入除氧器，以控制除氧器的压力。旁路排放信号优先于除氧器压力控制信号。

(3)大气排放

在每条主蒸汽管道的主蒸汽隔离阀上游有 1 根大气排放支管，每根支管有 1 个电动隔离阀、1 个气动控制阀和 1 个消音器。每个控制阀配有 1 个压缩空气罐，以便在空气压缩系统失灵后仍可保证排放控制阀工作 6 h。

5.2.1.3　控制原理②

将向冷凝器和除氧器排放管线称为 GCTc，向大气排放管线称为 GCTa。

(1)GCTc 控制原理

平均温度控制模式：用一回路平均温度(T_{av})实测值与其整定值之差及最终功率整定值与汽轮机负荷偏差作为信号，控制 GCTc 各组排放阀门开启和关闭。用于高负荷(机

---

① 见附录 2 课程思政内涵释义表第 23 项。

② 见附录 2 课程思政内涵释义表第 13 项。

组功率大于 20%FP)且反应堆处于自动控制状态。

压力控制模式:用蒸汽母管压力测量值与其整定值之差作为信号,控制各组排放阀门开启和关闭。用于低负荷(功率小于 20%FP)且棒位处于手动控制状态。

两种模式的转换:由压力模式转为温度模式,必须等 GCT 排放阀全关后方可进行。由温度模式转为压力模式,当 GCT 排放阀关闭,可平稳切换;当 GCT 排放阀开启,要手动调整压力控制器整定值等于实测值,待压力模式允许信号灯亮后,才可进行切换。

(2)GCTa 控制原理

由主蒸汽管线压力测量值与整定值的偏差信号经调节器控制大气排放阀的开启与关闭。

5.2.2 三代 TEB

5.2.2.1 系统的组成①

系统设有 6 个旁排阀,分 2 个阀组,A 组在 0%~50%蒸汽排放量范围内运行,B 组在 50%~100%蒸汽排放量范围内运行。每 2 个阀出口管道汇成 1 个母管,排入对应的凝汽器壳体。

汽机旁排阀入口管道设置手动隔离阀,出口不设隔离阀。旁排阀上游隔离阀关闭后,旁排阀可从主蒸汽压力中隔离出来。系统还设置了甩负荷蒸汽排放控制器、核电站停堆蒸汽排放控制器、蒸汽母管压力控制器。

5.2.2.2 控制原理②

温度模式用实测的 T_{av} 与由汽轮机第一级冲动级压力推导得出的参考温度 T_{ref} 产生 1 个蒸汽排放需求信号。主要用于工作瞬态需要蒸汽排放的情况。

压力模式使用蒸汽母管压力与整定值之间的差值产生的蒸汽排放需求信号。用于低功率情况(直到汽轮机同步运行)和核电站冷却。

5.3 二代加 GSS 与三代 SRS

5.3.1 二代加 GSS

5.3.1.1 系统的功能

除去高压缸排汽中约 98%的水分,提高进入低压缸的蒸汽温度,使之成为过热蒸汽。减少对低压缸叶片的冲刷腐蚀。

---

① 见附录 2 课程思政内涵释义表第 23 项。

② 见附录 2 课程思政内涵释义表第 13 项。

5.3.1.2 系统的组成①

每台汽轮发电机组低压缸的两侧分别设置 1 台汽水分离再热器(MSRA, MSRB)。MSR 由壳体、支承架、汽水分离器、再热器管束等组成。

每台汽水分离再热器内的新蒸汽(第二级)再热器和抽汽(第一级)再热器的管束有相似的设计。在插入壳体内的支承架之前,各再热器管束以整体的组件形式制造好,管束为一组带肋片的不锈钢 U 形传热管。传热管支承在管束支承板上,在弯管区各层传热管之间保持适当间隙。在抽汽和新蒸汽再热器的半球形联箱上焊有供汽接管、放汽接管、平衡接管和疏水接管。

5.3.1.3 系统的流程

由汽水分离、再热、疏水、排汽、卸压等部分组成。GSS 流程图如图 5.3 所示。

(1)汽水分离部分

汽水分离器元件由一系列波纹状的薄板组成,用 4 根拉杆固定于 2 块端板之间。每 7 排子块构成 1 个栅板,每台汽水分离器共 32 个栅板,分 2 组呈 V 字形布置在 MSR 的底部两侧。在栅板的前面设有流量分配板,将入口流量分配均匀。

分离出的水沿波纹板向下流入排水槽,再经下降管排入分离器底部的疏水槽。最后经疏水管送到汽水分离器的疏水箱。

(2)再热部分

从汽轮机高压缸排出的冷再热蒸汽沿 8 根管道分 2 组从壳体左端分别进入两列(每列 4 根,上、下各 2 根)MSR,先经过下部 V 形汽水分离元件,约去掉冷再热蒸汽 98%的水分。

蒸汽由下往上流动,进入第一级再热器(也称抽气再热器),加热蒸汽来自高压缸第一级抽汽(绝对压力为 2.76 MPa,温度为 229 ℃)。抽汽管道上设有 1 个逆止阀和 1 个电动隔离阀,1 台在线汽水分离器和流量测量孔板。第一级再热器的预热通过来自 VVP 的新蒸汽经电动隔离阀及流量孔板来完成。当机组负荷小于 35%FP 且抽汽再热管板温度大于 130 ℃时,新蒸汽后备系统投入运行,新蒸汽经预热管线旁装有电动隔离阀和控制阀的单根管道向抽汽再热器供新蒸汽。

第二级再热器的加热蒸汽来自新蒸汽(绝对压力为 6.43 MPa,温度为 264.8 ℃)。在供汽管上设有 1 个电动隔离阀和温度控制阀及 1 个电动旁通阀,同时设有 1 根带电动隔离阀及流量控制孔板的预热用的小连接管,以便在开启控制阀之前使第二级再热器和相连管道能得到预热。主旁通阀和预热旁通阀的上游设有 1 个电动隔离阀。

热再热蒸汽(绝对压力为 0.74 MPa,温度为 265 ℃)从壳体顶部 3 个排汽口引出分别进入 3 个低压缸,其中 B 列还有 2 根管道将蒸汽送至汽动给水泵汽轮机。

① 见附录 2 课程思政内涵释义表第 23 项。

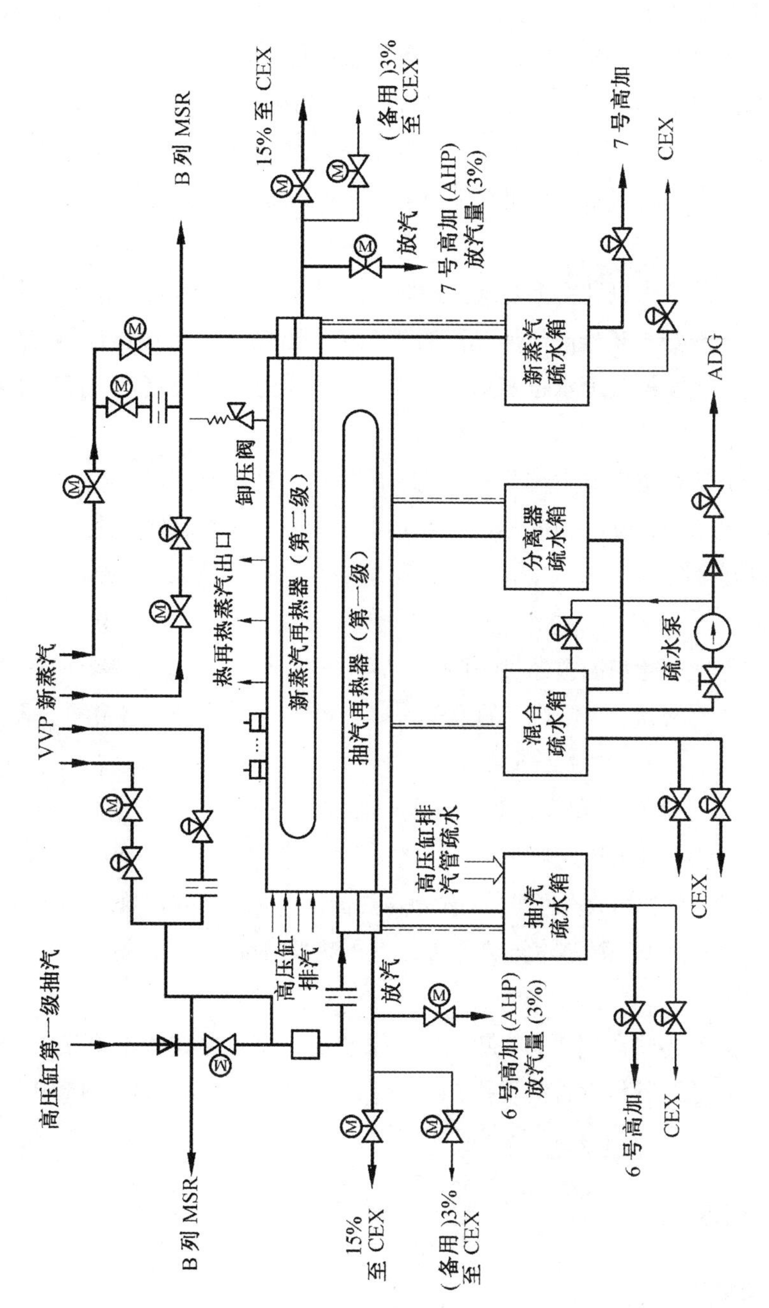

图5.3 GSS流程图（以A列为例）

(3)疏水部分

每台汽水分离再热器的疏水部分包括：3个独立的疏水系统，即汽水分离器、抽汽再热器和新蒸汽再热器疏水系统；4个疏水接收箱，即分离器疏水接收箱、抽汽疏水接收箱、新蒸汽疏水接收箱以及冷再热蒸汽和分离器联合接收箱。

由分离器分离出来的水汇集在MSR壳体底部，利用重力自流至分离器疏水箱，然后流入混合疏水箱，通过疏水泵送到除氧器。当疏水泵或除氧器不可用时，通过应急疏水阀排到冷凝器。如果应急疏水阀不可用，则第二个应急疏水阀开启，防止水流入冷再热器管道。

新蒸汽再热器的疏水也利用重力疏至新蒸汽疏水箱，正常运行时，在水位变送器与控制阀作用下，排到7A/7B号高压加热器的疏水箱。当7A/7B号高压加热器隔离后，疏水箱水位上升时，触发第二个水位变送器，自动打开紧急排水控制阀，将疏水排到冷凝器。

抽汽再热器的疏水也靠重力疏至抽汽疏水接收箱。在控制阀的作用下，排到6A/6B号高压加热器的疏水箱，当6A/6B号高压加热器隔离后，疏水箱水位上升，开启应急疏水阀，将疏水排到冷凝器。

(4)排汽部分

为防止再热器上下管束温差超过30 ℃。在再热器出口联箱上接有专门的放汽管线，提供一股连续的放汽流量，使传热管的温差保持在可接受的水平。每台再热器的排汽管线包括：

1条3%流量的正常放汽管线。新蒸汽再热器排向7A/7B号高压加热器；抽汽再热器排向6A/6B号高压加热器。

1条3%流量的自动备用放汽管线。新蒸汽再热器排向凝汽器；抽汽再热器排向凝汽器。

1条低负荷放汽管线。新蒸汽再热器和抽汽再热器排向凝汽器。

(5)卸压部分

为防止汽水分离再热器超压，其卸压保护系统由1个先导式卸压阀及8个爆破盘组成。为减少排汽管道对其他设备的干扰，卸压保护系统设在MSRA上，MSRB通过MSRA卸压。

5.3.2 三代SRS

系统的主要组成如下①。

壳体：水平圆筒。湿蒸汽从壳体底部进入，先至冲击盘，再至集管盘。MSR湿蒸汽入口部分采用1层不锈钢衬里，MSR上装有7个安全阀，用于超压保护。

汽水分离器：由8排波纹板组成，以去除高压缸排汽的水分。当分布开的蒸汽进入

① 见附录2课程思政内涵释义表第23项。

波纹板组件时，水分以疏水的形式排走，流入 MSR 壳体疏水罐。接近干蒸汽的蒸汽向上进入再热器管束。再热器管束入口的蒸汽湿度不超过 0.25%。

两级再热器：由 2 个一级再热器管束和 2 个二级再热器管束组成。再热器为 U 形管带翅片和 1 个半球形水室。加热管焊在管板上。安装在管板上的节流孔板调节加热管束的流速。过热蒸汽通过壳体上部的出口送至低压缸。一级加热蒸汽由高压缸抽汽提供，二级加热蒸汽由主蒸汽提供，疏水排至每级的疏水罐中。在二级加热蒸汽管道上布置隔离阀、气动控制阀和旁路阀。在一级加热管道上布置隔离阀和气动逆止阀，以防止疏水倒流闪蒸而引起汽机超速。

温度仪表：每台 MSR 出口设有 3 个热电偶，用于测量热再热蒸汽出口温度；每台 MSR 一级出口蒸汽设有 1 个热电偶，用于测量每台 MSR 的一级出口蒸汽温度；每台 MSR 的二级入口管上设有 1 个热偶温度计，用于测量两条入口管线二级加热蒸汽温度；每台 MSR 入口设有 2 个热偶温度计，用于测量 MSR 进口温度。

压力仪表：每台 MSR 二级加热蒸汽管线设有 1 个压力变送器，用来测量加热蒸汽压力；汽轮机高压缸排汽管设有 1 个压力变送器，用于测量高压缸排汽压力；每台 MSR 出口管道设有 1 个压力变送器，用来测量热再热蒸汽压力。

液位仪表用于测量每个冷再热蒸汽管道疏水罐液位。

每台二级 MSR 加热蒸汽管道设置 1 个流量测量元件和 1 台变送器，用于测量二级 MSR 加热蒸汽流量。

5.4 二代加 CEX 与三代 CDS

5.4.1 二代加 CEX

5.4.1.1 系统的功能

二代加 CEX 可以与冷凝器真空系统(CVI)和 CRF 一起为汽轮机建立和维持真空；将进入冷凝器的蒸汽凝结成水；将凝结水抽出，升压后经低压加热器送到除氧器；接收各疏水箱来的疏水；为汽轮机排汽口喷淋系统(CAR)提供降温冷却水，为 GCT 提供降温冷却水，为新蒸汽和汽轮机疏水箱提供降温冷却水，为 APG 再生式热交换器提供冷却水，为低压加热器疏水系统、凝结水泵等提供轴封水，为 ASG 的水箱提供凝结水。

5.4.1.2 系统的组成

CEX 主要包括：3 台冷凝器，3 台凝结水泵，2 个疏水接收箱(新蒸汽流水箱、汽轮机疏水箱)，凝结水过滤器，除氧器水位控制网，再循环拉制网，冷凝器补水控制网及相应的管道等。

5.4.2 三代 CDS

5.4.2.1 系统的组成[①]

(1)凝汽器

三代 CDS 共 3 台凝汽器，每台壳体与 1 个低压缸排汽口相接。凝汽器为径向流动、单流程、表面冷却式，带有隔离的水室，汽机排汽口位于顶部。凝汽器牢固安装于底层，通过橡胶弹性连接件连至汽轮机排汽口。

(2)凝结水泵

凝结水泵是多级立式泵，由壳体、外壳、吸入室、双吸式叶轮、密封装置和轴承等组成。采用自润滑，不需要外部的润滑。

(3)凝结水调节阀

流向除氧器的凝结水由 2 个并联的气动调节阀进行调节。在启动与低负荷时，低负荷阀控制水流，主阀保持关闭。在正常全负荷运行时，主阀打开，低负荷阀完全打开；调节阀前后电动隔离阀为常开阀，当调节阀故障时关闭，以检修调节阀。检修时旁路阀打开。

(4)热井循环调节阀

气动流量调节阀控制凝汽器的再循环。此阀一般只在核电站启动与低负荷工况下，1 台凝结水泵运行时以及甩负荷时打开。

(5)热井补水调节阀

凝汽器的补充水由 2 个并联的气动调节阀门控制。在运行中补水时，正常补水阀间歇打开。

5.4.2.2 三代凝结水精处理系统(CPS)

三代 CPS 用来除去凝结水中的杂质，以确保达到 SG 规定的给水水质。

系统流程为：凝结水泵→阳床→混床→升压泵→CDS。

主要设备包括前置阳床 6 台(5 台连续运行，1 台备用)；混床 6 台(5 台连续运行，1 台备用)，阳阴树脂比 1∶2；树脂捕捉器(阳)6 台；树脂捕捉器(混)6 台；再循环泵(阳)1 台；再循环泵(混)1 台；前置阳床树脂再生罐 2 台；混床用阳树脂再生罐 1 台；阴树脂再生及树脂储存罐 1 台；清洗水泵 2 台；再生水泵 2 台；再生用除盐水箱 1 台。凝结水精处理及再生装置布置在汽机厂房 0 m 层。

设有 1 套完整的酸、碱储存及计量设施；1 套完整的酸、碱再生废水收集设施；1 台除盐水箱，提供前置阳床、混床离子交换器再生用除盐水。另外，每台阳床和混床出口管道上装有树脂捕捉器，以防止碎树脂漏入凝结水中。

① 见附录 2 课程思政内涵释义表第 23 项。

5.5 二代加 GPV 与三代 HDS

5.5.1 二代加 GPV

5.5.1.1 系统的功能

二代加 GPV 可分为蒸汽回路和疏水回路。蒸汽回路保证向汽轮机高压缸提供饱和蒸汽，把高压缸排汽送到汽水分离再热器，自汽水分离再热器向低压缸提供过热蒸汽；各疏水回路保证启动时排出暖机过程中形成的水，连续运行时排出沿蒸汽流动方向分离出的水，在瞬态过程中排出饱和蒸汽形成的水。

5.5.1.2 系统的流程①

新蒸汽通过 4 根进汽环管从高压缸上部和下部进入高压缸膨胀做功。每根环形管道有 1 个高压汽室，其内装有 1 个截止阀和 1 个调节阀。截止阀和调节阀接收来自汽轮机调节系统(GRE)的信号，以控制进入高压缸的蒸汽流量。高压缸的排汽经 8 根排汽管线送往位于汽轮机低压缸两侧的 2 台汽水分离再热器进行干燥和再热。从汽水分离再热器出来的热再热蒸汽通过低压汽室内的截止阀和调节阀进入低压缸继续膨胀做功。低压缸的排汽进入冷凝器被凝结成水。

汽轮机各汽缸自行疏水。高压缸的疏水进入抽汽管道和排汽管道；低压缸的疏水进入抽汽管道和冷凝器；高压汽室、高压缸入口区和高压环形管道的疏水经疏水器排入汽轮机疏水接收罐，最终排入主凝汽器；高压缸排汽管线的疏水排往相应的汽水分离再热器的联合疏水箱。

高压环管及高压汽室的疏水由疏水器和电动旁路疏水控制阀组成的疏水站控制。当汽轮机负荷小于 30%FP 时，电动旁路疏水阀自动开启，将高压环管的疏水直接排往疏水接收罐；大于 30%FP 时，电动旁路阀自动关闭，高压环管的疏水经疏水器收集后，排入疏水接收罐。这些电动旁路阀亦在主控室手动操作。

5.5.2 三代 HDS

5.5.2.1 系统的功能及主要设备

HDS 主要在 CDS、FWS 以及 SRS 间传输疏水。主要设备有：2 个 MSR 本体疏水箱、4 个 MSR 一级疏水箱、4 个 MSR 二级疏水箱、2 个 50%设计的 MSR 疏水泵、2 个低压给水加热器疏水箱、2 个 50%设计的低压给水加热器疏水泵以及调节阀、管道和相关仪表。

5.5.2.2 系统的流程

(1)高低压疏水传输

正常工况下，MSR 二级加热器管侧疏水流入 MSR 二级疏水箱，MSR 一级加热器管

① 见附录 2 课程思政内涵释义表第 18 项。

侧疏水流入 MSR 一级疏水箱，然后被输送到 7 号高压给水加热器(以下参考 5.6.1 节图 5.4)。

高压缸排汽中的水分被分离出来并汇集到 MSR 疏水箱中，正常工况下，MSR 疏水被 MSR 疏水泵输送至除氧器。

7 号高压给水加热器的正常疏水逐级流到 6 号高压给水加热器，6 号高压给水加热器的正常疏水逐级流到除氧器。

每个高压给水加热器及 MSR 疏水箱的疏水管道上都有 1 条直接与凝汽器相连的紧急疏水管道，以防止在异常情况下加热器(或疏水箱)满水。

3，4 号低压给水加热器的正常疏水通过控制阀连接到低压疏水箱，然后由低压疏水泵输送到 3 号低压给水加热器下游的凝结水管道中。

2 号低压给水加热器的疏水逐级流到 1 号低压给水加热器，1 号低压给水加热器疏水至凝汽器。低压给水加热器及低压疏水箱都有 1 条直接与凝汽器相连的紧急疏水管道。

(2)MSR 管侧及壳侧排汽

核电站正常运行工况下，MSR 二级加热器管束排汽排至 7 号高压给水加热器；而在异常情况或 7 号高压给水加热器未投运的核电站启动工况下，排汽则直接排至凝汽器。

正常情况下，MSR 一级加热器管束排汽排至除氧器，而其紧急排汽则直接排至凝汽器。6，7 号高压给水加热器的壳侧不凝结汽体排向除氧器，除氧器排汽则排至凝汽器。

4 号低压给水加热器排气去往 3 号低压给水加热器，1~3 号低压给水加热器的排汽直接排至凝汽器。

5.6 二代加 ABP，AHP，ADG 与三代汽轮机回热和除氧

5.6.1 二代加 ABP

5.6.1.1 系统的功能

利用低压缸抽汽加热给水，提高机组热力循环效率。

5.6.1.2 系统的流程[①]

系统由四级低压给水加热器和第 3，4 级低压给水加热器的疏水系统以及管道与阀门组成。第 1，2 级低压给水加热器在同一壳体内，称为复合式加热器，3 台复合式加热器布置在 3 个冷凝器的喉部。第 3，4 级低压给水加热器分 A，B 两列，并联在凝结水管线中，每列的加热器是串联的。系统流程图如图 5.4 所示。

① 见附录 2 课程思政内涵释义表第 18 项。

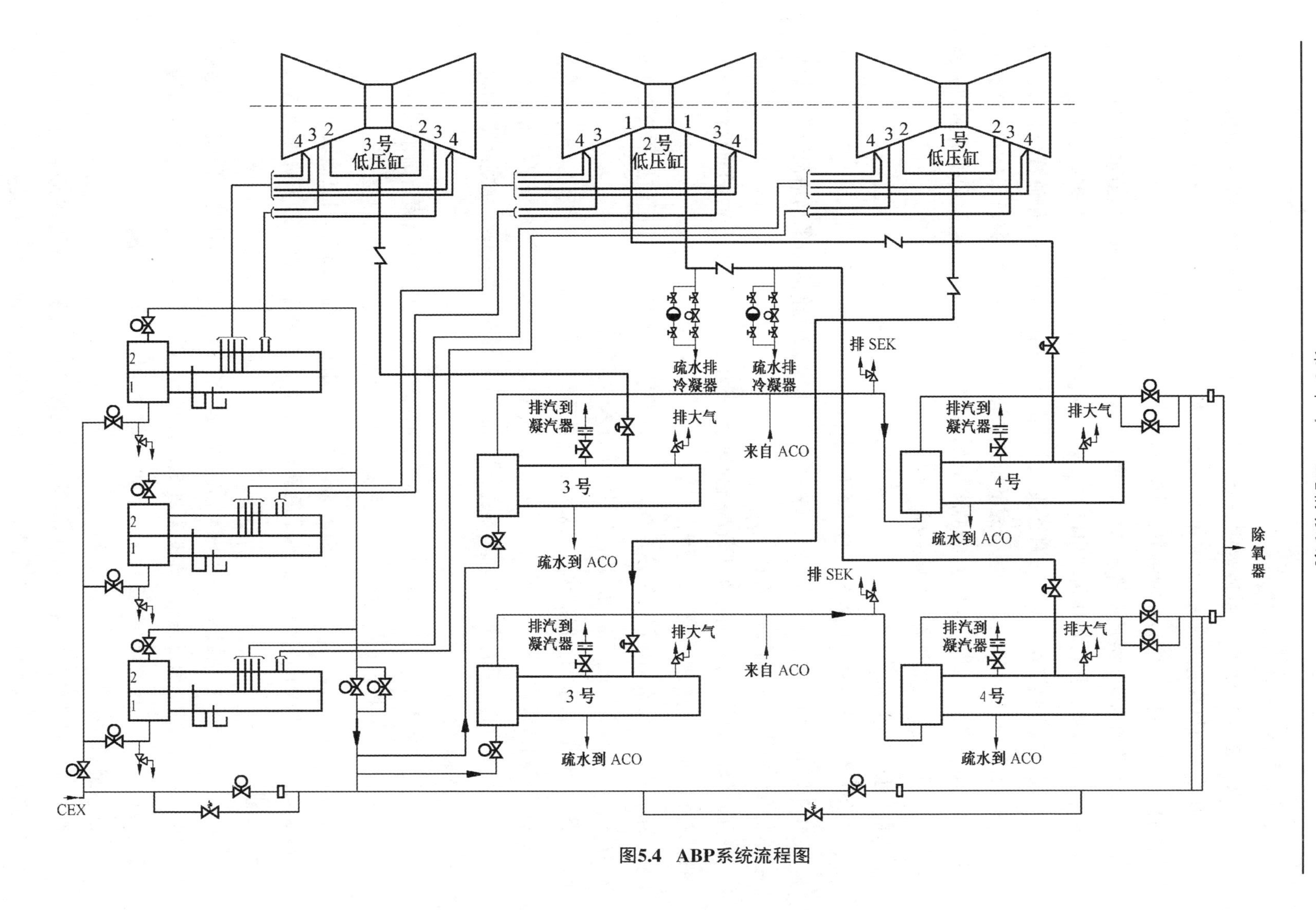

图5.4 ABP系统流程图

(1)凝结水抽取管线

由CEX送来的凝结水，经隔离阀后分3条并列管线分别进入3台复合式加热器的第1级低压给水加热器的进口水室，经第1，2级加热器的U形管后，从第2级低压给水加热器的出口水室排出，汇集在母管中，凝结水经过母管上的隔离阀后分成2条并列的管线分别进入并列的第3级低压给水加热器的进口水室，经第3，4级低压给水加热器的U形管后，从第4级低压给水加热器出口水室排出，凝结水汇集到1条管线送除氧器。

3台复合式加热器设有1条旁路管线，分别由并联的电动旁路阀和弹簧加载旁路阀控制(电动旁路阀不可用时)，当复合式低压给水加热器不可用时，旁通部分或全部凝结水至除氧器，第3，4级低压给水加热器亦设有同样并联的电动旁路阀和弹簧加载旁路阀，其作用和复合式加热器旁路阀一样。

(2)抽汽管线

各级低压给水加热器的抽汽来自3个低压缸：

第1级低压给水加热器的加热蒸汽来自1号、2号、3号低压缸的前后流道第4级后抽汽，每台加热器有4根抽汽管；

第2级低压给水加热器的加热蒸汽分别来自1号、2号、3号低压缸的前后流道第3级后抽汽，每台加热器有2根抽汽管；

第3级低压给水加热器的加热蒸汽分别来自1号、3号低压缸前后流道的第2级后抽汽，每个缸有2根抽汽管，汇集成1根管子进入1台加热器；

第4级低压给水加热器加热蒸汽来自2号低压缸的前后流道第1级后抽汽，每台加热器有1根抽汽管，第3，4级低压加热器的抽汽管道上装有逆止阀和隔离阀。前者尽量靠近汽轮机抽汽口；后者应靠近加热器侧，复合式低压加热器直接安放在凝汽器喉部。

(3)疏水管线

抽汽管道疏水：第3，4级低压给水加热器抽汽管道上逆止阀前后设有疏水器和电动旁路疏水阀，疏水排到CEX，第1，2级加热器疏水随抽汽一起流入加热器。

加热器疏水：第1，2级复合式加热器的疏水采用逐级自流方式，加热器设有大口径U形溢流管，第2级低压加热器疏水溢流到第1级低压加热器，再由第1级加热器溢流至冷凝器。

第3，4级低压加热器设有专门的疏水系统(ACO)：第4级低压加热器的疏水通过疏水控制阀排放到第3级低压给水加热器的疏水接收箱。第3级低压给水加热器疏水通向疏水接收箱，疏水接收器设有2台疏水泵和通向冷凝器的自动紧急疏水阀。

(4)排汽管线

第3，4级低压给水加热器在壳体上设有排汽管线，用于排放积聚在壳体内的不凝结气体至凝汽器，排汽管靠近加热器侧设有隔离阀，靠近凝汽器侧设有孔板。

(5)卸压装置

低压给水加热器的水侧和汽侧都设有卸压装置。第 1，2 级复合式加热器的汽侧卸压由带压力或水封的大直径溢流管来保证，水侧卸压是在每台复合式加热器的水室设有水膨胀卸压阀；第 3，4 级低压给水加热器的汽侧卸压是在每台加热器的壳体上设有卸压阀，水侧卸压是在每列第 3，4 级加热器之间的凝结水管线上设置水膨胀卸压阀。

5.6.2 二代加 AHP

5.6.2.1 系统的功能

二代加 AHP 利用汽轮机高压缸的抽汽加热给水，并接收汽水分离再热器的疏水，进一步提高机组热力循环效率。

5.6.2.2 系统的组成①

两列(A，B 列)50%容量的 6 号和 7 号高压给水加热器，每列的 6 号和 7 号高压给水加热器串联布置；每列加热器给水进、出口各设 1 个闸板式电动隔离阀。

每台加热器各设 1 个疏水接收箱。

2 条旁路管线，其中一条装有一个电动旁路阀，另一条为备用管线，装有 1 个弹簧加载的旁路阀。

1 条从给水母管返回冷凝器的再循环管线，装有电动隔离阀。

5.6.2.3 系统的流程②

高压给水加热器流程图如图 5.5 所示。

(1)给水管线

给水通过主给水泵分两路由进口隔离阀分别进入两列 6 号高压给水加热器进口水室，经 U 形管从出口水室流出，然后进入 7 号高压给水加热器进口水室，同样经 U 形管从出口水室流经出口隔离阀至给水母管，再通过 ARE 分配到 SG。若一列因故障解列，则 35%的给水流经电动阀旁路管线，65%的给水流经另一列高压加热器。

(2)抽汽管线

7 号高压给水加热器的加热抽汽来自高压缸后流道第 2 级，6 号高压加热器的加热抽汽来自高压缸前流道第 3 级。每级加热器的抽汽管线各自经逆止阀后分两路至 2 台并列的高压加热器，逆止阀尽量靠近汽轮机侧，以防汽轮机超速。在靠近加热器的抽汽管上有 1 个电动隔离阀，以防止加热器满水倒流入抽汽管道或汽轮机。

---

① 见附录 2 课程思政内涵释义表第 23 项。

② 见附录 2 课程思政内涵释义表第 18 项。

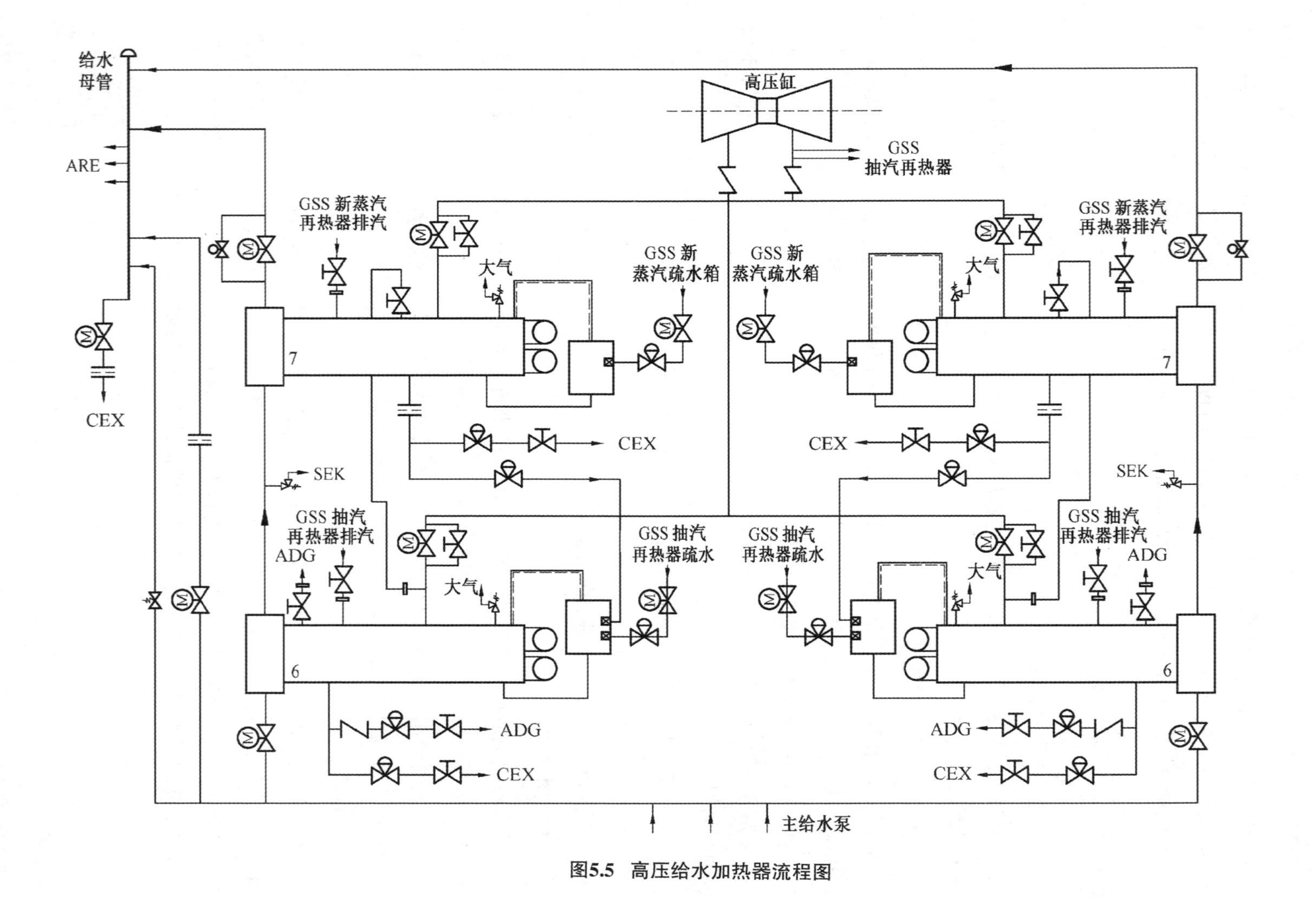

图5.5 高压给水加热器流程图

(3)疏水管线

每台高压给水加热器都配有 1 个疏水接收箱。汽水分离再热器的第 2 级再热器的疏水经隔离阀和控制阀排入 7 号高压给水加热器疏水箱，其闪发蒸汽则进入 7 号高压给水加热器汽侧，疏水箱的疏水先进入 7 号高压给水加热器壳体，再与 7 号高压给水加热器自身的疏水汇集后流入 6 号高压加热疏水箱。进入 6 号高压给水加热器疏水箱的疏水由 7 号高压给水加热器壳体上的水位传感器自动控制调节阀来保证。当水位过高时，开启应急疏水阀，直接把疏水排入冷凝器。

MSS 第 1 级再热器的疏水经隔离阀和控制阀排入 6 号高压给水加热器疏水箱，其闪发蒸汽则进入 6 号高压给水加热器汽侧，疏水箱疏水先进入 6 号高压给水加热器壳体，与 6 号高压给水加热器自身的疏水汇集后排往除氧器。疏水量由 6 号高压给水加热器水位控制器自动控制，当水位过高时，开启应急疏水阀，直接排入冷凝器。另外，当机组负荷小于 40%FP 时，6 号高压给水加热器内压力不足以把疏水送到除氧器，由高水位信号开启应急疏水阀，把疏水直接排往冷凝器。

高压给水加热器抽汽管道逆止阀前后都设有疏水管线，疏水管线由疏水器及并联的电动疏水阀组成。所有疏水都排放到冷凝器。

(4)放气管线

高压给水加热器的放气系统是将高压给水加热器壳体内集积的不凝结气体排出，改善高压给水加热器的热交换条件。7 号高压给水加热器的放气管通过隔离阀和孔板排至 6 号高压给水加热器的抽汽管线隔离阀下游，与该级抽汽一起进入 6 号高压给水加热器，然后随 6 号高压给水加热器的不凝结气体通过 6 号高压给水加热器的排气管道经隔离阀排往除氧器，放气管终点设有孔板，以限制排气流量。

(5)卸压管线

每台高压给水加热器汽侧都装有 1 个排向大气的卸压阀。在 6 号和 7 号高压给水加热器给水连接管线上设有卸压阀，防止高压给水加热器隔离时水膨胀而引起超压。

5.6.3 二代加 ADG

5.6.3.1 系统的功能[①]

二代加 ADG 可以对给水进行除氧和加热，向主给水泵连续提供含氧量合格的给水；保证给水泵所需的净正吸入压头，并贮有一定的水量；接收高压给水加热器和汽水分离再热器的疏水、APG 再生式热交换器的冷却水、GCT 第 4 组阀的排放蒸汽、主给水泵的泄漏流量；将不凝结的气体排放到主冷器或大气。

由给水管线、加热蒸汽管线、再循环管线、排气管线和卸压管线组成。

---

① 见附录 2 课程思政内涵释义表第 10 项、第 24 项。

5.6.3.2　除氧的原理

除氧器一般采用热力除氧法，其除氧原理主要基于下述两个定律：

道尔顿分压定律：任一容器内混合气体的总压力等于各种组成气体分压力之和。除氧器中混合气体总压力等于蒸汽分压力与空气分压力之和。

亨利定律：容器内水中溶解的气体量与水面上该气体的分压力成正比。

因此，若使蒸汽的分压力无限接近水面上的总压力，则空气的分压力趋近于零，那么空气在水中的质量分数趋近于零，以达到除氧的目的。

5.6.4　三代汽轮机回热和除氧

5.6.4.1　ABP

1，2 级低压给水加热器分 3 列布置，每列位于 1 个凝汽器壳体中。3，4 级低压给水加热器分两列布置，每级有 2 个加热器，布置在平行通道上。

由 CDS 送来凝结水，经调节阀后分 3 列分别进入 3 列低压给水加热器的第 1 级水室，经过第 1，2 级加热器的 U 形管，从第 2 级低压给水加热器的出口水室排出，汇集在母管中，然后分两列分别进入并列的第 3 级低压给水加热器进口水室，然后进入第 4 级低压给水加热器，凝结水汇集成一条管线进入除氧器。每列的 1，2 级低压给水加热器和每列的 3，4 级低压给水加热器可以从运行中解列，低压给水加热器部分解列后需要对汽轮机功率水平进行限制。

各级低压给水加热器的蒸汽来自 3 个低压缸的抽汽。第 1 级抽汽来自 3 个低压缸前、后流道，各有 4 根管道进入 3 列第 1 级低压给水加热器；第 2 级抽汽来自 3 个低压缸前、后流道，各有 2 根管道进入 3 列第 2 级低压给水加热器；第 3 级抽汽来自第 1，3 号低压缸前、后流道，合成 1 根管道分别进入两列第 3 级低压给水加热器；第 4 级抽汽来自第 2 号低压缸前、后流道，各有 1 根分别进入两列第 4 级低压给水加热器。

在第 3，4 级抽汽管道逆止阀前、后都设有电动疏水阀，将抽汽管的疏水排到凝汽器；2 级低压给水加热器的正常疏水逐级自流到本列的 1 级低压给水加热器，A 列和 C 列的 1 级低压给水加热器的疏水排往本列凝汽器，B 列 1 级低压给水加热器正常疏水排往 C 列凝汽器，正常疏水管线上设有调节阀，以维持加热器汽侧的水位，A 列和 C 列低压给水加热器的紧急疏水排往本列的凝汽器，B 列低压给水加热器的紧急疏水排往 C 列凝汽器；第 3，4 级低压给水加热器疏水通过专设的 HDS 实现，第 3 级低压给水加热器设有水位控制阀，疏水直接流向低压给水加热器疏水箱，第 4 级低压给水加热器设有水位控制阀，将疏水自流到低压给水加热器疏水箱，水位控制信号来自第 4 级低压给水加热器壳体上的水位变送器；另外 4 级低压给水加热器设有应急排往凝汽器的疏水管线；每台低压给水加热器疏水箱配有一台输水泵，将水箱中疏水排往本列 3 级低压给水加热器出口；另设置排往凝汽器的紧急疏水管线，以便在异常情况下将疏水快速排至凝汽器。低压给水加热器疏水箱水位在不同情况下分别由调节阀来控制。

1，2 级低压给水加热器上方设置排气管线，将汽侧的不凝结气体排往凝汽器，防止不凝结气体影响传热效果及对设备造成腐蚀。除上方排气管线以外，2 级低压给水加热器疏水冷却段也设置一条排气管线，排气与加热器正常疏水汇合，共同排往 1 级低压给水加热器。

5.6.4.2 ADG

凝结水从盘式恒速喷嘴喷入除氧器汽空间，进行初步除氧，然后落入水空间流向出水口；加热蒸汽排管沿除氧器筒体轴向均匀排布，加热蒸汽通过排管从水下送入除氧器，与水混合加热，同时对水流进行扰动，并将水中的溶解氧及其他不凝结气体从水中带出水面。

5.6.4.3 AHP

6，7 级高压给水加热器分两列 50%容量布置，为卧式、管壳式冷凝换热设备。

主给水泵出口集管的主给水，分两路分别进入两列高压加热器。两列高压给水加热器出口经过加热的给水汇入 1 条给水集管，再分别送入 2 台 SG。

供给 7 级高压给水加热器的抽汽为来自汽轮机高压缸的 7 级抽汽，供给 6 级高压给水加热器的抽汽为来自汽轮机高压缸的 6 级抽汽。抽汽管线逆止阀后分成两路到 2 台并列的高压给水加热器。

7 级高压给水加热器汽侧接收来自汽水分离再热器 1 级和 2 级加热蒸汽凝结水，以利用其剩余热量提高热力循环效率；7 级高压给水加热器的疏水逐级自流到 6 级高压给水加热器汽侧，6 级高压给水加热器的疏水排往除氧器。疏水管线上设置了调节阀以控制高压给水加热器汽侧的水位。为防止加热器满水，6，7 级高压给水加热器都设置了排往凝汽器的紧急疏水管线。抽汽管道逆止阀前、后都设有管道疏水阀，将抽汽管道疏水排往凝汽器。

5.7 二代加 APP，APA，ARE，AGM 与三代 FWS

5.7.1 二代加 APP

5.7.1.1 系统的功能

将除氧器的水抽出并升压，经高压给水加热器送到 SG；每台给水泵能单独运行，也能与另一台汽动给水泵或电动给水泵并联运行。

5.7.1.2 系统的流程①

每台机组有 2 台汽动主给水泵。另设有冷却水系统。

① 见附录 2 课程思政内涵释义表第 18 项。

来自除氧器的给水经电动隔离阀、临时滤网和伸缩节进入前置泵，然后经流量孔板和永久滤网进入压力级泵，升压后的给水送往高压加热器。流量孔板上的仪表信号控制再循环流量控制阀。

在前置泵出口，设有电动给水泵暖泵管线，向电动泵提供少量暖泵水。

另外，在压力级泵出口设有再循环管线，经并联再循环流量控制阀送回除氧器。

5.7.2　二代加 APA

5.7.2.1　系统的功能

电动主给水泵能与任意一台汽动主给水泵并联运行，将除氧器的水抽出、升压后经高压给水加热器送到 SG，同时兼作 2 台汽动主给水泵的备用泵。

5.7.2.2　系统的流程①

二代加 APA 由前置泵、电动机、液力联轴器及压力级泵等串联而成。

来自除氧器的给水经电动隔离阀、临时滤网、伸缩节进入前置泵，然后经流量孔板和永久滤网进入压力级泵，升压后的给水送往高压给水加热器，最终进入 SG。在压力级泵出口设有再循环系统，再循环流量返回除氧器。流量孔板上的仪表信号控制再循环流量阀。

电动泵的暖泵水有 2 个水源：正常情况下，电动泵备用时，热水从每台汽动泵的前置泵出水管道上引出，通过前置泵进口管返回除氧器，少量流体通过再循环管线流入除氧器。当 2 台汽动给水泵都不运行时，由除氧器再循环泵提供暖泵水。

5.7.3　二代加 ARE

5.7.3.1　系统的功能

二代加 ARE 能够控制 SG 给水流量，保证 SG 水位维持在整定值上。另外，还用于启动和响应反应堆和汽轮机的保护动作，包括 SG 水位保护、启动 ASG、给水主调节阀和给水旁路调节阀快速关闭、汽动主给水泵和电动主给水泵跳闸、ATWT 保护等。

5.7.3.2　系统的流程②

系统主要由给水母管和 3 个给水调节站及孔板等组成。来自主给水泵的给水经高压给水加热器加热，送入 1 根给水母管，从给水母管再分配到 3 个给水调节站，最终送到 3 台 SG 的给水管。

(1)系统管线

3 台 SG 的每条给水管线上设有 1 个给水调节站，每个给水调节站由 1 个承担 90%容量的主给水调节阀和 1 个承担 18%容量的旁路调节阀组成，在各调节阀的两侧都设有电

---

①② 见附录 2 课程思政内涵释义表第 18 项。

动隔离阀，主给水调节阀的隔离阀上还装有旁路阀。

主给水调节阀由 1 个三冲量（SG 水位、给水流量、蒸汽流量）控制通道控制。它在高负荷（从 18%到 100%FP）运行时调节给水流量。

旁路调节阀由 1 个单冲量（SG 水位与负荷曲线）控制通道控制，它在低负荷（小于 18%FP）运行时调节给水流量（高负荷时，保持全开）。

在每条给水管线的给水调节站下游装有 1 个流量孔板和 1 个试验孔板。

给水母管上还有一些附加接管，用于停运期间的化学取样和疏水。另外，母管上设有 1 根支管，以提供给水到冷凝器的再循环，用于系统的清洗。在该系统的最高点还设有放气点，使系统在需要时可正常放气。

（2）给水阀控制

根据二回路负荷产生 1 个相应的蒸发器水位设定值，水位设定值与测量值相比较，产生水位偏差值，水位偏差值经可变增益单元的修正后由水位控制器进行运算，产生给水流量信号，给水流量信号与前馈信号（气/水失配信号，由实际测量的给水流量与经过校正的蒸汽流量相比较给出）叠加后，由流量控制器运算产生主给水调节阀的开度信号，经控制器产生相应的阀门开度模拟信号，控制调节阀的开度。

每个主给水调节阀的旁路管线上都装 1 个旁路给水调节阀，也称小流量调节阀。低负荷下，旁路通道根据水位调节器输出的给水流量信号调节旁路给水调节阀开度，以控制给水流量。当负荷低于 18%FP，即总蒸汽流量信号低于阈值时，继电器状态翻转，将信号发生器与前馈通道接通。信号发生器发出 1 个负的偏置信号，其作用是避免在低负荷时主、旁路调节系统同时动作。当负荷增加到高于阈值时，继电器恢复到初始状态，偏置消失，此时旁路给水调节阀处于全开状态。

（3）泵转速控制

控制泵转速的主要目的是尽可能快地将给水集管和蒸汽集管间的压差维持在设定值上。

由于泵出口压头是流量的减函数，当给水阀动作时，阀门上游的水压存在着相反的变化，其结果会破坏控制回路的稳定性。

另外，阀门上游的水压变化也影响 3 台 SG 之间的耦合。当流入某台 SG 的流量增加，阀门上游的压力下降，流入其他 2 台 SG 的流量减少，必须保持调节阀上游水压稳定。泵速控制系统的作用就是稳定调节阀上游水压。

5.7.4 二代加 AGM

二代加 AGM 能够向电动主给水泵机组的径向轴承、推力轴承、增速齿轮组及液力联轴器提供一定温度和压力的润滑油，还能够向液力联轴器提供移动勺管的工作油。

二代加 AGM 由润滑油回路、工作油回路和调节油回路 3 个系统组成。主要设备包括：工作油泵和润滑油泵、润滑油冷却器、双联润滑油过滤器、辅助润滑油泵、工作油冷却器及液力联轴器等。

5.7.5 三代 FWS

5.7.5.1 系统的组成

三代 FWS 管道和设备布置在汽机厂房中。主要设备有 3 台主给水泵、3 台主给水前置泵、2 台启动给水泵。主要阀门包括主给水泵出口隔离阀、主给水泵小流量循环控制阀、除氧器放泄控制阀、长周期再循环控制阀、交叉连接的隔离阀等。

5.7.5.2 系统的流程①

三代 FWS 通过 2 种不同的路径为 SG 提供给水。

通过 SGS 主给水流量调节阀(MFCV)的给水路径称为主给水。通过主给水泵从除氧器水箱取水。通过 SGS 启动给水流量调节阀(SFCV)的给水路径称为启动给水。既可通过主给水泵从除氧器取水(正常水源),也可通过启动给水泵从凝结水储存箱(CST)取水(备用水源)。

(1)主给水输送

给水通过 3 条独立的管路分别送到 3 台主给水泵。每台主给水泵入口装有法兰,其上装有过滤器,过滤器上装有压差仪表。布置在汽机厂房 0 m 层。

每台主给水泵出口接有再循环管线,用于提供最小流量,保护每列前置泵/主给水泵。3 列升压泵/主给水泵出口合为 1 根母管,通向 6 号高压给水加热器。主给水从 7 号高压给水加热器出来,经过主给水母管后分为两路,向 2 台 SG 供水。主给水母管接有取样管线,通向二回路取样系统(SSS)。

(2)从主给水泵输送的启动给水

启动给水的正常水源通过前置泵/主给水泵从除氧器水箱取水。从主给水泵出口母管引出 1 条支线,连接到启动给水母管。启动给水母管在汽机厂房与 NAB 交界附近分为独立的 2 条管线,分别为 2 台 SG 供水。

启动给水的备用水源通过启动给水泵从 CST 取水。

(3)从启动给水泵输送的启动给水

启动给水泵和其他相关流道在前置泵/主给水泵或其相关流道故障情况下提供后备给水能力。每台启动给水泵的最小流量保护通过从每台泵出口至 CST 的再循环流道来提供。

(4)给水加热

给水加热通过除氧器以及两级高压给水加热器完成。除氧器抽取部分高压缸排汽来加热凝结水。高压给水加热器由 2 个并联的水平闭式给水加热器组成。给水加热器布置在汽机厂房中间层。

---

① 见附录 2 课程思政内涵释义表第 18 项。

(5)给水再循环

FWS 为 SG 供水前，2 条再循环管线将给水送回凝汽器，以净化和调节水质。这 2 条再循环管线称为除氧器再循环管线和大循环管线。

再循环管线起于 7 号高压给水加热器下游的主给水母管。再循环管线上有 1 个气动流量控制阀。当进行净化运行时，控制阀由主控室手动操作，以达到预期的流量。为达到设计流量，必须有一列前置泵/主给水泵投运。

SG 初次充水前，应通过再循环管线净化系统。

(6)SG 冷却及湿保养

停堆后，当不再需要给水来维持 SG 水位时，启动给水母管的一部分管线，用于 SG 冷却及湿保养。该过程由 BDS 实现。

5.8 二代加 APG 与三代 BDS

5.8.1 二代加 APG

5.8.1.1 系统的功能

二代加 APG 通过对 SG 在不同工况下的连续排污，保持 SG 二次侧的水质符合要求并对 SG 的排污水进行收集和处理。此外，还可实现 SG 二次侧安全疏水、SG 干湿保养的充气和充水，某些情况下调节蒸汽发生器水位。

5.8.1.2 系统的流程

(1)排污水降温降压管线

在每台 SG 距管板上表面 350 mm 处的径向位置开有 2 个对称的排污孔，把污水送到每台 SG 可控流量的排污管线。SG 二次侧的水排至 RPE。此外，还有连续取样和氮气分配系统相连的接头。

3 台 SG 的排污水管穿出安全壳后汇集到 1 根母管，然后流入再生热交换器或非再生热交换器，冷却到 56 ℃。降温后的排污水通过 2 条并列的减压和流量控制站降压到 1.4 MPa 引入除盐床处理回路。

(2)排污水处理管线

冷却和减压后的排污水经并列的 2 台细过滤器之一后进入 2 条并列的除盐床处理回路或进入排放管线。每条除盐床管路均设有 1 台阳床和 1 台阴床。

正常运行时，经采样分析水质合格，送往机组的冷凝器继续使用。

当不能引向冷凝器或水质不合格时，排放至废液排放系统(TER)。

当处理管线或冷凝器不能投运时，对排污水进行连续监测后，直接排放到 TER。

5.8.2 三代 BDS

5.8.2.1 系统的组成[①]

主要设备有2个位于汽轮机厂房内的管壳式再生热交换器；1个位于汽轮机厂房内的再循环(疏水)泵；2个排污流量控制阀；1个背压调节阀；4个位于安全壳外辅助厂房内的排污隔离阀；2个位于汽轮机厂房内的除盐单元，每条排污管线上设有1个除盐单元，每个除盐单元包括1个用于除去悬浮的杂质的过滤器，1个用于除去离子杂质的EDI除盐器和1台离心泵。

5.8.2.2 系统的流程[②]

BDS有2条50%处理能力的排污列，每台SG对应1列。两系列之间设置十字交叉管线，能够保证某1台SG排污水通过2台换热器，以达到大流量排污的目的。

排污水从每台SG管板上部位置排出，流入再生热交换器冷却，由CDS冷却热交换器。由EDI除盐装置去除排污水中的杂质，两个系列在EDI装置下游连接到1个集管上，集管上设置安全阀，为系统低压部分提供超压保护。

当BDS出现放射性高、压力高、流量大或水温高信号时，关闭SG排污隔离阀，将BDS与SG隔离。

5.9 二代加 STR，SVA

5.9.1 二代加 STR

二代加STR能够产生1.2 MPa、188 ℃的低压辅助蒸汽，并通过SVA供给核岛和常规岛用辅助蒸汽的系统及设备。

二代加STR主要由蒸汽转换器、疏水箱、疏水冷却器、辅助蒸汽除氧器、排污箱、给水泵及相应的阀门和管道组成。

5.9.2 二代加 SVA

二代加SVA能够将辅助蒸汽分配到各用户，同时回收辅助蒸汽的凝结水循环使用或排放到废液排放系统(SEA)。

SVA主要包括1条绝对压力为1.2 MPa的蒸汽回路；1条绝对压力为0.45 MPa的蒸汽回路；1个减压站(从1.2 MPa降到0.45 MPa)；1条辅助蒸汽凝结水回收回路。

---

① 见附录2课程思政内涵释义表第23项。

② 见附录2课程思政内涵释义表第18项。

◆◇ 5.10 对 比

第一，GCT 可向冷凝器、除氧器和大气旁排蒸汽；TEB 只向冷凝器旁排蒸汽。因此，TEB 的结构比 GCT 的有所简化。

第二，CDS 与 CEX 的主要差距是，CDS 增加了 CPS，用来调节凝结水的水质指标。

第三，二代加技术的二回路辅助系统包括 STR 和 SVA。

第 6 章　汽轮发电机辅助系统

二代加的压水堆技术将汽轮发电机辅助系统分为汽轮机辅助系统和发电机辅助系统两部分，三代的压水堆技术统称为汽轮发电机辅助系统。

二代加技术中汽轮机辅助系统包括 CET、CVI、GRE、汽轮机润滑顶轴盘车系统(GGR)、汽轮机保护系统(GSE)、CAR、汽轮机调节油系统(GFR)、汽轮机润滑油处理系统(GTH)、APG(已在上一章中介绍)，发电机辅助系统包括发电机定子冷却水系统(GST)、发电机密封油系统(GHE)、发电机氢气供应系统(GRV)、发电机氢气冷却系统(GRH)、发电机、励磁和电压调节系统(GEX)。

三代技术中汽轮发电机辅助系统主要包括 GSS、凝汽器抽真空系统(CMS)、汽轮机发电机组润滑油系统(LOS)、汽轮机液压油系统(LHS)、励磁和电压调节系统(ZVS)、发电机定子冷却水系统(CGS)、发电机密封油系统(HSS)、发电机氢气和二氧化碳系统(HCS)。

6.1　二代加 CET 与三代 GSS

6.1.1　二代加 CET

二代加 CET 对主汽轮机、给水泵汽轮机的轴封和主汽轮机截止阀及调节阀的阀杆提供密封蒸汽，既能防止空气漏入低压缸，也能防止空气进入汽缸，影响抽真空。

在机组启动和低负荷时有两路外部汽源：一路由 VVP 供给；另一路由 ASS 供给。轴封蒸汽经过滤器和 2 个并联的供汽流量调节阀进入汽水分离器。从汽水分离器出来的蒸汽为各用户提供密封蒸汽。

6.1.2　三代 GSS

三代 GSS 主要包括 4 种蒸汽压力调节阀、1 个轴封蒸汽冷凝器、2 个轴封加热器排风机、汽封、阀门、管道以及控制仪表，布置在汽轮机厂房内。

6.2 二代加 CVI 与三代 CMS

6.2.1 二代加 CVI

二代加 CVI 能够抽出冷凝器中由蒸汽带入的不凝结气体和由大气漏入的空气，建立和保持冷凝器真空度，提高汽轮机组经济性。

系统由 3 套并联的抽气系统和 1 个真空破坏系统组成。每套抽气系统中，有 1 台两级液环式电动真空泵、1 个水汽分离箱、1 台密封水泵、1 台密封水冷却器、1 台过滤器和真空测量系统等。真空破坏系统包括 1 台过滤器、1 个节流孔板和真空破坏阀。

冷却器由辅助冷却水系统(SEN)提供海水作为冷却水，分离箱由 SER 提供补水。真空破坏系统位于抽气母管。

6.2.2 三代 CMS

三代 CMS 由 3 套液环式真空泵组组成。另有 3 个真空破坏阀，用于破坏凝汽器真空。每组真空泵组包含两级液环真空泵和电动机、密封水热交换器、密封水循环泵和电动机、汽水分离器和运行需要的管道、阀门及控制器。

凝汽器内带有水蒸气的不凝性气体经过凝汽器管束中心的空气冷却区域到达真空泵的吸入口后被抽出。CMS 抽气管从凝汽器壳体上的空气/蒸汽抽出口起始。从各空气/蒸汽出口接出的 CMS 管道上各设有 1 个手动真空阀，该阀为常开状态。从各凝汽器壳体 2 个空气/蒸汽抽出口接出的 CMS 管道汇流入 1 根通向真空泵组的抽真空母管。各真空泵组汽水分离器排放的不可凝气体汇流进入共用母管并流向汽轮机厂房疏水、排气和泄压系统(TDS)。

6.3 二代加 GRE 与三代 LHS

6.3.1 二代加 GRE

二代加 GRE 可以通过调节汽轮机进汽量对机组实施功率控制(根据电网需求改变进汽阀开度，以调节发电机有功功率)、频率控制(对电网频率偏离额定值进行补偿)、压力控制(限定汽轮机进汽压力或限定汽轮机进汽压力的增长速率)、应力控制(限制升速和升荷速率，使高压转子和高压汽室的热应力不超过允许值)，并对机组的负荷和转速实施超速限制及超加速限制(当汽轮机转速或转速加速度达到限值后，按照超过的比例关小汽轮机进汽阀门，以保护汽轮机）、负荷速降限制（某些异常工况时将汽轮机负荷以200%/min的速率迅速下降，以防止RPR动作，保护发电机）和蒸汽流量限制（操纵员可以在必要时限制汽轮机进汽流量，以保证汽轮机功率不超过相应的水平）。

GRE由微机调节器、操纵员设备、工程师设备、转速测量设备、阀门操作装置和汽轮机进汽阀等组成。

操纵员设备包括：操纵员触摸式键盘，分为上位机键盘和下位机键盘；一块橙色等离子体显示屏，分为报警行、标题行、概况区、状态行和输入/输出信息行；操纵员荧屏显示器，它是智能型单色显示器，并带有1个嵌入式薄膜开关键盘。

工程师设备包括：工程师终端，由1块液晶显示屏和1块键盘组成，通过串行接口与单元处理机实施对话；程序装载器，1台磁盘驱动器，用于装载初始程序；工程师打印机。

6.3.2 三代LHS

三代LHS可以提供汽轮机的调速、升速及超速保护；调节汽轮机主调阀开度，从而调节进入汽轮机的蒸汽流量；汽轮机主汽阀或主调阀控制进入高压缸的主蒸汽流量，再热调阀控制进入低压缸的蒸汽流量；甩负荷工况下，为防止汽轮机转子加速甚至超速，快关主调阀和再热调阀；超速保护控制在正常转速控制失效或甩负荷时动作；如果汽轮机转速一直增加并超过超速保护跳机定值，汽轮机保护系统就会使汽轮机跳闸。

LHS由EH油供应单元（EH油箱组件、EH油泵、净化泵、冷油器）、蓄能器（高压蓄能器、低压蓄能器）、阀门油动机、电磁阀组合块、空气引导阀、隔膜阀以及相应的控制仪表及管道等组成。

6.4 二代加GGR与三代LOS

6.4.1 二代加GGR

二代加GGR能够向汽轮发电机组的轴颈轴承和推力轴承提供润滑油，向发电机氢气密封油系统提供密封油，向汽轮发电机组的轴颈轴承提供开始转动和停运时所需的顶轴油以及在机组启动和停运时投入电动或手动盘车，以使转子均匀加热或冷却，防止大轴弯曲。由主油箱、主油泵、增压泵/油涡轮机、交流辅助油泵、直流辅助油泵、油冷却器、过滤器、回油密封箱、排风机顶轴油泵、顶轴油母管等设备组成。

6.4.2 三代LOS

三代LOS能够向汽轮机和发电机各轴承、顶轴油泵以及汽轮机盘车装置供应符合要求的润滑油，同时保证润滑油的储存、净化、除气 HSS 和冷却。向 LHS 的手动和汽轮机超速脱扣回路提供危急遮断油；同时为 HSS 提供氢气密封油。系统主要包括主油箱、主油泵、注油器、交流润滑油泵、事故直流油泵、控制油泵、顶轴油泵、土油箱排烟风机、冷油器、盘车装置等。

6.5 二代加 GFR，GSE，CAR

6.5.1 二代加 GFR

二代加 GFR 能够向 GRE 和 GSE 提供具有合格品质和运行参数的抗燃动力油及保护油。

系统设有两套送油系列，由主油泵、增压泵、专用油箱、过滤器、冷却器、蓄油器、输油泵及调节油处理机等组成。

6.5.2 二代加 GSE

当汽轮发电机组发生任何预定的机械故障时，二代加 GSE 可以为汽轮发电机组提供安全停机的手段，防止事故发生、扩大和损坏设备，并将汽轮机脱扣信号送到反应堆停堆逻辑线路中。

引发紧急脱扣阀动作的信号分两类：一类是机械/液压引发的脱扣，特点是脱扣信号直接作用在紧急脱扣阀的触发扳机上；另一类是电气所引发的脱扣，特点是测量仪表把测出的各种保护参数先转变为电信号，经脱扣继电器使紧急脱扣线圈通电引发脱扣。

汽轮发电机组的脱扣是通过切断供向汽轮机蒸汽阀门操作装置的动力油，同时排出操作装置内的残留油，使蒸汽阀门在弹簧作用下快速关闭来实现的。

GSE 脱扣分为两级：Ⅰ级脱扣指汽轮机脱扣的同时，要求发电机高压出线断路器及负荷开关也跳闸，Ⅰ级脱扣大多由发电机和变压器等电气性质故障引发；Ⅱ级脱扣指汽轮机脱扣时，发电机负荷开关或高压出线断路器通过低正向功率联锁装置延迟断开。Ⅱ级脱扣在电气上被认为是性质不太紧急的脱扣。

6.5.3 二代加 CAR

在汽轮发电机组启动、停运或低负荷运行时，二代加 CAR 能够防止由低压缸排汽口温度超过限值导致汽轮机叶片损坏。系统包括布置在低压缸排汽口的 6 个带喷头的喷淋环管、阀门、过滤器及应急喷淋泵等。

◆◇ 6.6 二代加 GEX 与三代 ZVS

6.6.1 二代加 GEX

二代加 GEX 能够保证发电机的励磁，建立转子的旋转磁场。发电机并网以前，调节同步所需的空载电压；发电机并网以后，调节与电网交换的无功功率。当电力系统发生突然短路或突加负荷、甩负荷时，对发电机进行强励磁或强行减磁，以提高电力系统的运行稳定性和可靠性；当发电机内部出现短路故障时，对发电机进行灭磁，以避免事故扩大。监测发电机定子、转子的电气参数，用于报警与保护。大亚湾核电站采用的是三机式无刷励磁系统。

正常运行情况下，发电机的励磁通过调节器(AER)调节。接在发电机端的电压互感器(PT)和电流互感器(CT)将发电机的电压、电流信号引至自动励磁调节器(AVR)。当发电机端电压和无功功率发生变化时，调节器测量出这些电压和功率的变化，通过控制回路改变可控硅整流器的控制角，使可控硅的输出电流(即主励磁机的励磁电流)改变，相应地改变了主励磁机的输出电流(发电机励磁电流)，从而起到自动调节发电机端电压和无功输出的作用。

6.6.2 三代 ZVS

三代 ZVS 向发电机转子磁极提供可控的励磁电流，确保发电机机端电压为给定值。在正常运行情况下，维持发电机机端或系统中某一点的电压在给定的水平；合理分配并列运行机组间的无功；提高电力系统静态稳定极限；在电力系统发生故障时，按给定的要求强行励磁，从而改善系统运行的动态稳定性；提高带时限的继电保护的灵敏性。

静态励磁系统(SES)与无刷励磁系统近似。发电机的励磁由接在机端的励磁变压器降压后经可控硅整流后供给，由 AVR 改变可控硅的控制角来进行调节。与无刷励磁系统相比，取消了励磁机，设备和接线比较简单，因而提高了可靠性；同时缩短了机组长度，降低了造价；此外，该励磁方式一个突出的优点是响应速度快。

◆◇ 6.7 二代加 GRV，GRH 与三代 HCS

6.7.1 二代加 GRV

发电机启动时，二代加 GRV 通过中间介质二氧化碳排除发电机内的空气而充入氢气；在发电机停机检修前，通过二氧化碳排除发电机内的氢气而充入空气。选择二氧化碳的目的是避免在充排氢过程中，空气与氢气混合而发生爆炸的危险。正常运行时，发电机氢气供应系统保证发电机内氢气压力，监测氢气浓度和干燥氢气。

6.7.2 二代加 GRH

二代加 GRH 利用 SRI 的水冷却发电机内循环的氢气以及励磁机内循环的空气和设置在发电机及励磁机内的热电偶，对发电机和励磁内温度进行连续监测。

发电机内氢气的冷却靠装在发电机两端的 4 台容量各为 25%的冷却器完成，冷却器为管式热交换器，垂直布置于发电机的上部。氢气靠 SRI 提供冷却水。发电机正常运行时，4 台氢气冷却器全部投入运行而无备用。若同一端的两台冷却器损坏，则发电机不能带功率运行。

励磁机由空气进行冷却，空气的冷却靠装在励磁机两侧的 4 台容量各为 50%的冷却器完成，冷却器为管式热交换器，平行布置。空气在励磁机电枢转动时的鼓风作用下进行循环。正常运行时励磁机两侧各有一台冷却器投入运行，另一台备用。空气也由 SRI 提供冷却。

6.7.3 三代 HCS

利用二氧化碳作为中间介质，对发电机进行安全充排氢气，并为发电机补氢气；在发电机正常运行时，用氢气纯度仪和压力传感器远程监测氢气的状态，同时用发电机状态监测器(GCM)探测发电机是否异常过热，用水探测器探测发电机机座内是否进水或进油；用氢气干燥器去除氢气中所含水分，保持发电机绝缘干燥。

由气体供应单元，气体置换单元，气体压力和纯度监测单元，氢气干燥器，发电机绝缘过热监测器，发电机进水，进油，氢气泄漏监测器及管道，阀门和仪表组成。

6.8 二代加 GST 与三代 CGS

6.8.1 二代加 GST

二代加 GST 通过一个闭式的低电导率水的循环回路带走发电机定子线圈带负荷运行时产生的热量。氢气卸放罐中的定子水由定子水电动泵压入冷却器，定子水从定子绕组中带走的热量传给 SRI，冷却后的定子水经过电加热器(发电机正常运行时不加热)接至过滤器，其中一部分在必要时经除盐床处理后直接回到氢气卸放罐。经过滤后的定子水大部分进入位于发电机本体汽轮机侧的进水环形母管，再由多根软管流经定子绕组，带有绕组热量的水回到与进水母管同侧的环形出水母管。小部分定子水直接流到位于发电机励磁机侧的出线端子和中性端子，然后经部分线棒也回到出水母管中，最后一起回到氢气卸放罐，完成一个循环。

6.8.2 三代 CGS

三代 CGS 能够为发电机定子线圈提供除盐水，以带走定子线圈中产生的热量。发电机定子线圈采用水内冷，高纯度水在定子线圈空心导线中循环流动，将定子线圈电阻损耗产生的热量带走；对使用的高纯度水进行散热及过滤，去除外来杂质；对水进行去离子处理，控制水的电导率。

CGS 是一个闭式循环系统，主要设备包括定子线圈冷却水供应单元和仪表架。定子线圈冷却水供应单元包括水泵、水箱、水冷却器、过滤器、离子交换器。

6.9 二代加 GHE 与三代 HSS

6.9.1 二代加 GHE

二代加 GHE 能够防止发电机内部高压氢气从转子与发电机壳体间缝隙泄漏出来，同时防止氢气受到密封油所带空气的污染，还可带走运行时密封瓦产生的热量。

系统采用双流环式油封。压力密封油从不同油槽被送入转轴与密封瓦之间的间隙后，从相反方向分别向氢气侧和空气侧排出，从而使氢气侧与空气侧完全分开，以保证安全。为此设置了空气侧密封油子系统和氢气侧密封油子系统。

6.9.2 三代 HSS

三代 HSS 的密封油系统为双流型，分为空侧密封油子系统和氢侧密封油子系统。轴封密封环安装在发电机转子上，贯穿发电机密封壳的两端，以防止氢气泄漏，密封环有 2 个环形槽，形成 2 个单独的油回路。空侧密封油进入外槽，向发电机支座的外侧流动；氢侧密封油进入内槽，向发电机支座的内侧流动。

6.10 对　比

第一，二代加技术的 GRE 与三代技术的 LHS 在功能上比较接近，但是 GRE 主要是从控制方向对系统进行介绍，而 LHS 主要是从执行方向对系统进行介绍，两者在结构上也有一定的区别。

第二，二代加技术中还设有 GFR，GSE，CAR 等系统辅助汽轮机运行，而在三代技术中没有相关的对应系统。

第三，二代加技术一般采用无刷励磁系统，三代技术一般采用 SES。

第7章　三废(放射性废物)处理系统

二代加的压水堆技术将三废处理系统分为TEP、RPE、废液处理系统(TEU)、TER、废气处理系统(TEG)、固体废物处理系统(TES)，三代的压水堆技术将三废处理系统分为WLS、放射性废物排放系统(WRS)、废水系统(WWS)、放射性废气处理系统(WGS)、放射性固体废物处理系统(WSS)。

7.1　二代加TEP，RPE，TEU与三代WLS

7.1.1　二代加TEP

7.1.1.1　系统的功能

(1)主要功能

二代加TEP收集来自RCV下泄管线以及来自RPE的可复用一回路冷却剂，经净化(过滤和除盐)、除气和硼水分离后，向REA提供除盐除氧水和质量分数为7000~7700 μg/g的硼酸溶液。还用于RCV下泄流的除硼，以补偿寿期末的燃耗。

(2)辅助功能

二代加TEP与RCV下泄管路连接，用于压力容器开盖前的堆冷却剂除气；将来自SED的除盐水脱氧后补给REA；当REA水箱贮存的堆补给水不合格时进行再处理；以排放蒸馏液的方式实现堆冷却剂的排氚。

7.1.1.2　系统的组成

主要设备有2个前置贮存箱(001/008BA)，箱内用氮气覆盖；每台前置贮存箱配置1台供料泵(001/002PO)，供料泵兼作料液循环泵；2台装有强酸型的氢型磺酸树脂的阳离子床(001/002DE)；2台装有氢型磺酸树脂和强碱性阴离子树脂的混合离子床(003/004DE)；3台用于除硼的阴床除盐器(005/006/007DE)；2个除盐床进料过滤器(001/003FI)，用于去除排出液中直径大于5 μm的悬浮固体物质；2个树脂过滤器(002/004FI)，防止树脂或碎树脂进入除气器，过滤器的滤芯可远距离操作进行更换；1台浓缩液过滤器(005FI)；1台用于TEP006DE树脂截留的过滤器(006FI)；2套除气装置，分别由1台排气冷凝器(001/002CS)、1台再生式热交换器(001/002EX)、1台冷却器(001/

002RF)、1 台输液泵(003/004PO)、1 台除气器(001/002DZ)和相应的仪表、阀门及管道组成；3 个中间贮存箱(002/003/004BA)，2 个系列共用 3 个箱；3 个中间贮存箱，配置 1 台共用的循环泵(007PO)；两套蒸发装置，分别由 1 台蒸发器(001/002EV)、1 台立式再沸腾器(001/002RE)、1 台立式冷凝器(003/004CS)、1 台强制循环泵(008/009PO)、1 台再生式热交换器(003/004EX)、2 台分别用于蒸馏液和浓缩液的冷却器(003/004RF、005/006RF)、1 台进料泵(005/006PO)、1 台蒸馏液输送泵(011/012PO)和相应的管道、阀门及仪表组成；2 个蒸馏液监测箱(005/006BA)，每个蒸馏液监测箱配 1 台水泵(012/013PO)；1 个浓缩液监测箱(007BA)，配有 1 台输液泵(014PO)。

7.1.1.3　系统的流程

TEP 由净化、硼水分离和除硼 3 部分组成。净化包括前置暂存、过滤除盐和除气 3 个阶段，设置 2 条完全相同的序列，各用于 1 台机组，必要时又可互为备用；硼水分离包括 3 台中间贮存箱、2 套蒸发装置、2 台蒸馏液监测箱和 1 台浓缩液监测箱，为 2 个机组共用；除硼包括用于 1/2 号机组化容系统下泄流除硼的 TEP005/007DE，用于蒸馏液除硼的 TEP006DE。TEP 流程图如图 7.1 所示。

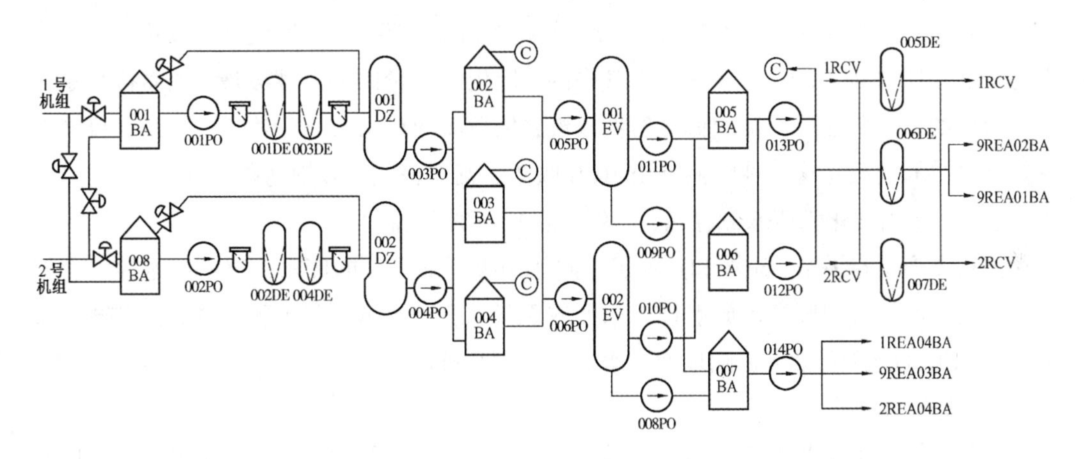

图 7.1　TEP 流程图

以一序列为例，冷却剂排出液收集在有密封和氮气覆盖的前置暂存箱 001BA 内。001PO 将箱内液体经过滤除盐后泵入除气装置(001DZ)除气。氢气和放射性裂变气体等不凝结气体通过 RPE 管道送往 TEG 含氢废气分系统处理。除气后用 003PO 送到中间贮存箱中的一台。中间贮存箱内的液体用泵进行再循环，搅拌均匀后取样分析，箱顶与 TEG 含氧废气分系统相连保持负压。用 005PO 将中间贮存箱内的液体送往蒸发装置 001EV，产生的蒸馏液送往蒸馏液监测箱 005BA 或 006BA。装满一箱后，用 013PO 或 012PO 再循环，搅拌均匀箱内液体。取样分析，将合格的蒸馏液泵入 REA 补给水箱贮存备用。硼酸质量分数超过 5 μg/g 时，用 006DE 处理，合格后再送往补给水箱。浓缩液送往 007BA，搅拌均匀并化验合格后用 014PO 送往 REA 硼酸贮存箱贮存备用。必要时，可以用蒸馏液来调节浓缩液的硼浓度。005DE，007DE 分别用于 1，2 号机组化容系统下泄流的除硼，除硼后的冷却剂返回 RCV 容积控制箱。

7.1.2 二代加 RPE

7.1.2.1 系统的功能

二代加 RPE 收集正常运行、换料或维修的停机和随后的启动、设备检修、事故泄漏、设备检修前的疏水、瞬态、事故后的泄漏等情况在核岛产生的全部气体和液体废物。根据废物情况，通过独立的管线将其送到 TEU，TEG 和 TEP(位于 NAB 内)。在事故之后，该系统将高放流体送回反应堆厂房。一部分是每个机组专用，一部分是两个机组共用。

7.1.2.2 三废的分类

(1)废液的分类

废液按其不同来源，分为可复用的和不可复用的两种废液。

可复用的废液是指从一回路排出的、未被空气污染的、含氢和裂变产物的反应堆冷却剂。这部分排水由 RPE 收集并送往 TEP，经处理后供一回路重新使用。

不可复用的废液又分为工艺排水、地面排水、化学废液和公用废液。其中，工艺排水是指从一回路排出的、已暴露在空气中的、低化学含量的放射性废液；地面排水是指来自地面的、化学含量不定的低放射性废液；化学废液是指被化学物质污染的、可能有放射性物质的废液。这三种废液都由 RPE 收集、就地分类，分别送往 TEU 的工艺排水箱、地面排水箱和化学废水贮存箱，经处理后通过 TER 排放。

公用废液是指淋浴、洗涤和热加工车间使用去污剂去污的废水。这些废水通常会有较弱的放射性。公用废液由放射性废水回收系统(SRE)收集，经监测，或直接排放，或被送往 TEU 的地面排水箱，随地面排水进行处理和排放。

(2)废气的分类

含氢废气是指那些由稳压器卸压箱、化容系统的容控箱、RPE 的冷却剂排水箱以及 TEP 的前置贮存箱和除气器排出的气体。这些气体都含有氢气和裂变气体。送往 TEG 的含氢废气分系统，经压缩贮存和放射性衰变后排往大气。

含氧废气是指来自反应堆厂房通风系统和通大气的各种水贮存箱的排气等轻度污染的空气。含氧废气将被送往 TEG 的含氧废气分系统，经过滤后排往大气。

(3)固体废物的分类

固体废物被分为 4 类：各种除盐器的废树脂、蒸发器的浓缩液、过滤器的失效滤芯和其他固体废物。其他固体废物包括被污染的零部件和工具以及在现场使用过的纸张、抹布和塑料制品等。所有固体废物都将在生物防护的条件下被送往 TES，经处理后贮存。

7.1.2.3 系统的流程

(1)可复用的一回路排水的收集管路

排水如果低于 60 ℃，将被直接收集到冷却剂排水箱；若高于 60 ℃，则被排入稳压器卸压箱中，经冷却后再转送到冷却剂排水箱。进入排水箱系统的前置贮存箱。

在瞬态工况下，反应堆启动与停堆过程中的排水、硼浓度改变过程中的排水或改变负荷时引起一回路平均温度变化过程中的排水，通过化容系统三通阀直接排入 TEP 的前置贮存箱。

(2)不可复用的一回路排水的收集管路

工艺排水的收集管路分布于反应堆厂房、燃料厂房和 NAB。反应堆厂房内工艺排水经汇流管收集后将排水送入 NAB 工艺排水污水坑，排水罐的溢流则被直接排进主安全壳集水坑中；NAB 的工艺废水靠重力排入 TEU 的工艺排水贮存箱或汇集到 NAB 的工艺污水坑中，再由输水泵送往 TEU 的工艺排水贮存箱；燃料厂房的排水通过 NAB 的共用汇流管靠重力排入 NAB 的工艺排水污水坑。

地面排水的收集管路也分布于反应堆厂房、NAB 和燃料厂房。2 个污水坑收集的地面排水由输水泵送往废液处理系统的地面排水贮存箱。化学废水收集在 NAB 内的化学废水污水坑中，再由排水泵送往 TEU 化学废水贮存箱。公用废水由 SRE 收集。

(3)废气的收集

含氢废气来源于稳压器卸压箱的废气、容积控制箱的排气和扫气、TEP 前置贮存箱的排气、TEP 除气装置中的排气冷凝器的排气。上述所有含氢废气均被送往 TEG 含氢废气处理分系统的缓冲箱。

含氧废气来源于 TEP 的中间贮存箱、TEU 的工艺排水贮存箱、TES 的浓缩液和废树脂贮存箱、TEP 和 RCV 的过滤器和除盐器、TEP 的除气器和蒸发器、TEU 的蒸发器、RCV 的热交换器、一回路通风系统的排气等。含氧废气被送至含氧废气分系统风机的吸口，并经 DVN 排到烟囱。

7.1.3 二代加 TEU

7.1.3.1 系统的功能

二代加 TEU 用于接收 2 台机组来自 RPE，TEP，TES，TER 和 SRE 收集的热洗衣房废水等不可复用废液，并进行贮存、监测和处理。废液经过滤、除盐或蒸发处理和监测后送往 TER 排放，蒸发产生的浓缩液送往 TES 装桶固化。

7.1.3.2 系统的组成

(1)前置贮存部分

二代加 TEU 前置贮存部分由 6 个前置贮存箱(2 个工艺排水箱、2 个地面排水箱、2 个化学排水箱)、3 台循环泵及相应的阀门、管道和测量仪表等组成。

(2)化学中和站

化学中和站由贮存质量分数为 65%的硝酸的酸性溶液贮存罐和贮存质量分数为 40%的氢氧化钠的碱性溶液贮存罐组成，2 个贮存罐配备排放泵、2 个安全阀门及 1 个覆盖防护层的混凝土中和池。

化学中和站的功能是在上述废水送往蒸发器处理之前调节其 pH 值，以提高蒸发所得浓缩液的溶解度。

(3)过滤装置

过滤装置配置 2 台完全相同的过滤器，过滤粒度为 5 μm，过滤效率为 98%。6 个前置贮存箱内的废液均可通过这 2 个过滤器过滤后送往 TER。

(4)除盐装置

除盐装置由 1 台过滤粒度为 5 μm 的过滤器、1 台阳离子床、1 台混合离子床和 1 台过滤粒度为 25 μm 的过滤器组成。除盐装置仅用于工艺排水的废液处理。

2 台除盐床既能串联处理放射性相对较高、离子浓度相对较低的工艺排水，也能单独或并联处理放射性相对较低、离子浓度相对较高的工艺排水。

(5)蒸发装置

TEU 蒸发装置的流程和工作原理与 TEP 基本相同，只是运行参数和浓缩液的排出方法有些差别。在输送浓缩液前，相应各管线及箱体的电加热系统要投入运行，以防止硼结晶。输送完毕后，要用除盐水冲洗。

(6)蒸馏液监测箱

2 台蒸馏液监测箱接收经蒸发或除盐处理后的废液。经监测合格后，由排水泵排往 TER 进行排放；若监测不合格，则送入蒸发器再处理。

7.1.3.3　系统的流程

工艺疏水、地面疏水和化学疏水前置贮存箱中的一台用于收集废水，另一台水箱贮存的废水经混合均匀和取样后进行处理。可采用过滤处理，排出的废液直接送往 TER；也可采用蒸发处理，蒸馏液送到监测箱，浓缩液送往 TES 装桶固化。工艺疏水还可以采用除盐循环处理，然后将已除盐的废液送到监测箱。监测箱内的废液取样分析合格后，排到 TER。

蒸发装置使循环液部分汽化，夹带的液滴重力沉降，蒸汽上升，并进入净化塔。在净化塔内，蒸汽被回流的冷凝液洗涤，再经过金属筛网过滤，进一步除去夹带的液滴，然后进入冷凝器冷凝。冷凝的蒸馏液冷却后进入监测箱。浓缩液用压缩空气输送到 TES 装桶固化，TES 的废液亦可用压缩空气送回蒸发装置浓缩处理。

根据废液化学成分和放射性活度，在排放前进行如下处理：对化学含量低、放射性水平低的废液进行过滤处理，对化学含量高、放射性水平低的废液进行过滤处理，对化学含量低、放射性水平高的废液进行除盐处理，对化学含量高、放射性水平高的废液进行蒸发处理。

7.1.4　三代 WLS

7.1.4.1　系统的功能

三代 WLS 主要用于控制、收集、处理、运输、贮存和处置正常运行及预期运行事件下产生的液体放射性废物。自动隔离贯穿安全壳的 WLS 管线。事故后，防止返水造成安全壳内的房间和区域淹没。

7.1.4.2 系统的组成

主要设备有 1 个疏水箱，氮气覆盖；1 个除气器；1 个除气器分离器；2 个排水暂存箱；2 个废液暂存箱；6 个监测箱；1 个化学污水箱；1 个安全壳地坑；1 个嵌入混凝土中的不锈钢地坑水箱；2 台反应堆冷却剂疏水箱泵；2 台安全壳地坑泵；2 台除气真空泵；2 台除气分离泵；2 台除气排水泵；2 台排水暂存箱泵；2 台废液暂存箱泵；6 台监测箱泵；1 台化学污水箱泵；1 个疏水箱热交换器；1 个蒸汽冷凝器；4 台离子交换器；1 个前置过滤器；1 个后置过滤器。

7.1.4.3 废液分类

反应堆含硼废水，包括自 RCS 下泄到 CVS 的含硼废水、PSS 水槽疏水、设备泄漏和疏水。

来自各厂房疏水和地坑的地面废水以及其他可能含有大量固体悬浮物的废液。

来自热水池和沐浴、清洗与去污废水的低放射性洗涤废液。

来自化验室和其他少量的相关来源的化学废液，废液可能是有害和带有放射性的，或含有大量溶解固体。

WLS 不处理非放射性的二回路废水，二回路废水通常由 BDS 和汽轮机厂房疏水系统处理。如果二回路废水放射水平超标，排污水将直接送到 WLS 进行处理。

7.2 二代加 TER 与三代 WRS，WWS

7.2.1 二代加 TER

7.2.1.1 系统的功能

收集 2 台机组来自 APG、RPE、TEU、TES、常规岛废液排放系统(SEK)、SRE 的废液，对这些废液进行监测，并对其进行有效处理。

废液在 SEC 的终端排水沟，按照向环境排放的特性要求进行稀释。

当稀释能力不足或 TEU 不可用、废液产生量超过正常排放量或废液放射性水平超标时，TER 则将这些废液进行贮存，或送回 TEU 进行再处理。

7.2.1.2 系统的组成

二代加 TER 由室外混凝土贮留坑、坑内的 3 个暂存罐、3 台排水泵、1 个贮留坑的地坑泵、地坑及其地坑泵、NAB 内 TER 坑道地坑及其地坑泵、辐射监测系统(RMS)、3 个积分流量计和相应的管道、阀门组成。

来自 TEU 和 TEP 的废液有两条排放管线：一条是经过暂存罐暂存后由排水泵输送

到公用排放管道的管线，另一条是不经暂存罐和排水泵的直接排放管线。

在公用排放管道上配备了1个放射性监测系统作为TEU，TEP系统蒸馏液监测箱的后备监测和TER暂存罐排放的放射性监测。

7.2.2 三代WRS

7.2.2.1 系统的功能

三代WRS收集正常运行、启动、停堆和换料期间来自辅助厂房、附属厂房以及放射性废物厂房的放射性控制区的地面和设备疏水，并将疏水分类输送到核岛液体废物系统进行处理和排放。

7.2.2.2 系统的流程

三代WRS系统包括2个子系统，即化学废液子系统与设备和地面疏水子系统。

化学废液子系统由收集辅助厂房放射性化学实验室的地面疏水和附属厂房去污排水的地漏和收集管组成，收集的废液直接排入WLS的化学污水箱。

设备和地面疏水子系统包括地漏，收集管，中央地坑，地坑水泵，出口管线，清洗设备，相关阀门和仪表。

辅助厂房、附属厂房和放射性废物厂房的高放区的地面和设备疏水单独汇聚到一起，然后排放到地坑。辅助厂房、附属厂房的低放区的地面疏水单独汇聚到一起，然后排放到地坑。收集的废液被泵送到WLS的废液暂存箱。这个子系统也收集具有潜在放射性的消防水并输送到地坑中。

地坑水通过一个排水泵的再循环管线和混合喷射器混合，使固体悬浮物在清空水池时一起被移走。WRS不收集含氢废水，含氢废水被WLS的反应堆冷却剂疏水箱单独收集，从而与其他放射性废液隔离。

废液依靠重力排到地坑，疏水的流量与核电站运行的状态有关。地坑泵将收集的放射性废液排放到WLS进行进一步处理。

7.2.3 三代WWS

7.2.3.1 系统的功能

三代WWS收集正常运行、启动、停堆和换料期间核岛非放射性厂房区域的设备和地面疏水，并将其输送到设置在常规岛的WWS进行处理和排放。

7.2.3.2 系统的流程

WWS的设计容量满足核电站正常运行和停堆换料检修期间废水的处理。柴油机厂房地坑、辅助厂房地坑和附属厂房地坑的疏水直接排入汽机厂房地坑。

废液收集地坑收集辅助厂房、柴油发电机厂房、附属厂房和柴油发电机燃料油区域的疏水。

地坑收集的疏水由气动泵排出。除了柴油发电机燃料油区域的疏水，这些疏水直接排到汽轮机厂房地坑再进一步处理和排放。柴油发电机燃料油区域的疏水由泵输送到 WWS 的油分离器。

排水(污)泵是气动双隔膜泵。可根据地坑的液位自动运行，也可手动控制。

废液排放依靠重力排到地坑。排水流量根据核电站运行工况变化。废水输送到 WWS 处理并排放到外界环境中。

7.3 二代加 TEG 与三代 WGS

7.3.1 二代加 TEG

7.3.1.1 系统的功能

二代加 TEG 可以处理由 RPE 分类收集的、在 2 个机组正常运行和预期运行事件中产生的放射性含氢废气和含氧废气。含氢废气经压缩贮存，使放射性裂变气体衰变后，排到 DVN，再经放射性监测、过滤除碘和稀释后排入大气。含氧废气经过滤除碘后由 DVN 系统排入大气。

7.3.1.2 系统的组成

(1)含氢废气分系统

主要设备有 1 个缓冲箱；2 个气体压缩机；2 个冷却器；2 个汽水分离器；6 台衰变箱，可处于充气、衰变贮存、排气、备用状态；2 个排放阀。

缓冲箱接收含氢废气，通过上游的测氧仪连续测量废气中的氧浓度，上游废气的凝结水由汽水分离器排出。之后，废气进入 2 台并列的气体压缩机。经冷却器冷却和汽水分离器汽水分离后，废气被压缩进入衰变箱，凝结水排到 RPE。衰变箱内的待排放废气通过 1 条共用的排气管排气。排气管上装有 2 个并列的气动阀，将废气排入 DVN 系统的碘吸附器的上游，经除碘和稀释后排入烟囱。

(2)含氧废气分系统

主要设备有 2 个电加热器，2 个活性炭碘吸附器，2 台风机。

加热器将回路内的含氧废气加热，使相对湿度小于 40%，以保证碘去除率。最后进入活性炭碘吸附器，由风机送入 DVN 系统，排入烟囱。

7.3.2 三代 WGS

7.3.2.1 系统的功能

三代 WGS 收集含有放射性的废气；处理和排放废气，维持场外放射性释放在可接受的限值内。防止 WGS 中可燃气体的燃烧或爆炸。

7.3.2.2　系统的组成

主要设备有取样泵、气体冷却器、汽水分离器、活性炭保护床、衰变床等。

7.3.2.3　系统的流程

三代 WGS 为非能动运行，借助气源的压力，使废气通过系统。系统间断运行。没有废气时，在排放管线的隔离阀入口处有小流量的氮气注入，防止空气进入。

进气先通过气体冷却器管侧，冷冻水通过气体冷却器壳侧。汽水分离器去除由气体冷却形成的水分，冷凝液根据液位自动控制排放。

废气流经保护床，去除碘和其他放射性污染物。保护床还能去除废气中多余的水分。然后废气流经 2 台活性炭延迟床，通过动态吸附延迟处理氙和氪。排放管线设有 1 个阀门，在气体废物系统排放管线放射性偏高或通风流量低时自动关闭。

气体废物系统采用氮气扫气，去除处理后残余的氧气，直至出口处排出气体的氧气指示低浓度。气体废物系统氧气分析仪临时接入系统，监测排放管线上的气流。在取样子系统和系统排放管线上设有氮气接头，以便在系统维护前和维护后用氮气扫气。当出现氧气高浓度报警时，氮气自动注入进气管线。

7.4　二代加 TES 与三代 WSS

7.4.1　二代加 TES

7.4.1.1　系统的功能

二代加 TES 收集 2 台机组产生的放射性固体废物，对其暂时贮存，进行放射性衰变，压实可压缩的固体废物，以及将放射性固体废物固化在混凝土桶内或压实在金属桶内。设备分别布置在 NAB 和废物辅助厂房(QS)内。

7.4.1.2　固体废物的来源和分类

固体废物可分为 4 类：废离子交换树脂、浓缩液、废过滤器滤芯和其他固体废物。其来源分别为：

废离子交换树脂：来自 RCV，PTR，TEP，TEU 和 APG 系统的离子交换器。

浓缩液：来自 TEU 的蒸发器。

废过滤器滤芯：来自 RCV，PTR，TEP，TEU 和 APG 的过滤器。乏燃料水池撇沫器、反应堆换料腔撇沫器和反应堆一回路主泵轴封水注入过滤器也装在混凝土桶内固化，但不需要用铅屏蔽容器运输。

其他固体废物细分为 3 种：可压缩废物(纸、塑料、抹布和手套等)需放入塑料袋，用压实机压入金属桶内；低放射性固体废物(金属块、小工具和金属管等)需放在金属桶内，不压缩；放射性强的固体废物，需放入混凝土桶内固化。

7.4.1.3 系统的组成

二代加 TES 由浓缩液处理站、废树脂处理站、废过滤器滤芯支承架装卸系统、装桶站、混合物配料站、最终封装站和压缩站组成。

(1)浓缩液处理站

浓缩液(主要来自 TEU 的蒸发器)被收集在浓缩液暂存箱。箱内有 2 个恒温加热器加热待处理的浓缩液，使其温度维持在 55 ℃，以防止硼结晶。箱内还备有 1 个搅拌器，用来定期搅拌混合浓缩液，以防止浓缩液产生沉淀。在箱体的上部设有排气管，将产生的废气排往 TEG 的含氧废气分系统。

(2)废树脂处理站

废树脂(放射性高时)由 SED 除盐水冲排到 2 台废树脂贮存箱中，而冲排水则通过过滤器排往 TEU 的工艺排水箱。

(3)废过滤器滤芯支承架装卸系统

废过滤器滤芯支承架装卸系统由铅屏蔽运输容器进行运输。铅屏蔽运输容器是一个用不锈钢作外壳、内嵌厚铅的容器。其底部设有抽屉式拉板，上部可与装卸抓具相连。

(4)装桶站

在生物屏蔽墙后面设置 1~5 号装桶站：

1 号站：暂存运入和运出的混凝土桶，且在装桶前将石灰加入桶内，运出之前测量桶的表面计量率。

2 号站：设有空气闸门，以防止放射性物质和灰尘逸出。混凝土桶在这里吊装临时封盖。

3 号站：将湿混合料加入装有废过滤器滤芯的混凝土桶，并在振动台上振动。

4 号站：废树脂或浓缩液与干混合料混合后一起装入混凝土桶。

5 号站：用铅容器将废过滤器滤芯放入混凝土桶内。

在装桶站内，废物桶通过弯曲轨道上的运输车从 1 号站进入 2 号站。然后通过装在墙上的运输车从 2 号站进入 3 号、4 号或 5 号站。

装桶站日装桶能力设计为 4 桶，装桶所需时间取决于桶的类型。

(5)混合物配料站

水泥固化用的干混合料和湿混合料的配料(水泥、沙子、砾石和石灰)均贮存在 10 个标准容器内。容器被安装在 QS 内进料斗和混合器的上方。

(6)最终封装站

在混凝土废物桶从装桶站运送到最终封装站时，立即进行最后的封桶和贮存。由皮带输送机将湿混合料从混合物配料站运到最终封装站，灌入混凝土废物桶内，并用可伸缩的振动喷枪保证均匀充填。

(7)压缩站

由 1 台压实机将可压缩废物压实在金属桶内。压实机内有 1 个粉尘过滤器、1 个排风罩和 1 个与 QS 通风系统相连接的细过滤器，使压实机与废物桶之间建立负压以及防止尘埃的逸出。

7.4.2 三代 WSS

三代 WSS 系统位于辅助厂房和放射性废物厂房内，用来收集和贮存核电站产生的废树脂、过滤器过滤介质、干活性炭、废过滤器滤芯、放射性干废物和混合废物。废物贮存在辅助厂房和放射性废物厂房内，直到被转运到厂址废物处理设施(SRTF)进一步处理和贮存。主要设备有废树脂罐、碎树脂过滤器、树脂混合泵、树脂转运泵、树脂取样装置、过滤器转运容器等。

7.5 对 比

二代加技术与三代技术三废处理系统的设置目前及预期功能本质上没有太大区别，只是在对放射性废液的收集与处理上，二代加技术通过 TEP，RPE，TEU 实现，三代技术仅通过 WLS 实现。

第 8 章　反应堆保护与控制(仪表控制)系统

二代加的压水堆技术将反应堆控制与保护系统分为核仪表系统(RPN)、堆芯测量系统(RIC)、反应堆控制系统(RRC)、RPR，三代的压水堆技术将仪表控制系统分为反应堆保护和安全监视系统(PMS)、堆内仪表系统(IIS)、PLS、RMS、DAS、特殊监测系统(SMS)、地震监测系统(SJS)。

8.1　二代加 RPN 与三代 PMS

8.1.1　二代加 RPN

8.1.1.1　系统的功能

堆功率一般通过测量堆外贴近压力容器的孔道内中子探测器通量密度(泄漏)来测量。二代加 RPN 主要功能如下。

提供信号：通过连续监测反应堆功率、功率变化及功率分布，并对测得的各种信号加以显示记录，从而向操纵员提供反应堆装料、停堆、启动及功率运行时反应堆状态的信息。向 RRC 提供堆功率信号，移动控制棒。

监测功能：通过功率通道信号的计算值，来监测反应堆径向功率倾斜和轴向功率偏差。此外，在停堆和启堆期间给出中子的视听计数。

安全功能：防止反应堆发生超功率，向 RPR 提供中子注量率高和注量率变化率高的信号，触发反应堆紧急停堆①。

8.1.1.2　系统的组成

反应堆从启动至满功率运行，核功率的动态变化范围从额定功率的 $10^{-9}\%$ 至额定功率的 200%达 11 个数量级，使用一种探测器和电路不可能满足要求。因此 RPN 采用 3 种不同量程的 8 个独立测量通道(即 2 个源量程通道、2 个中间量程通道及 4 个功率量程通道)来测量反应堆功率。各自配备性能各异和测量范围不同的探测器②。3 个量程之间两

---

① 见附录 2 课程思政内涵释义表第 12 项。

② 见附录 2 课程思政内涵释义表第 21 项。

两重叠(至少 2 个数量级),确保从停堆直到满功率运行的整个阶段,系统都能连续提供信号控制和保护反应堆。

探测器在反应堆堆坑的径向布置和轴向布置分别如图 8.1(a)(b)所示。在反应堆压力容器的四周防护墙内,共有 8 个探测器孔道,成 45°角排布 2 个源量程探测器(正比计数器 CP)和 2 个中间量程探测器(补偿电离室 CIC),分别装在相同的 2 个圆筒形支架中,且位于 90°和 270°的轴线上。

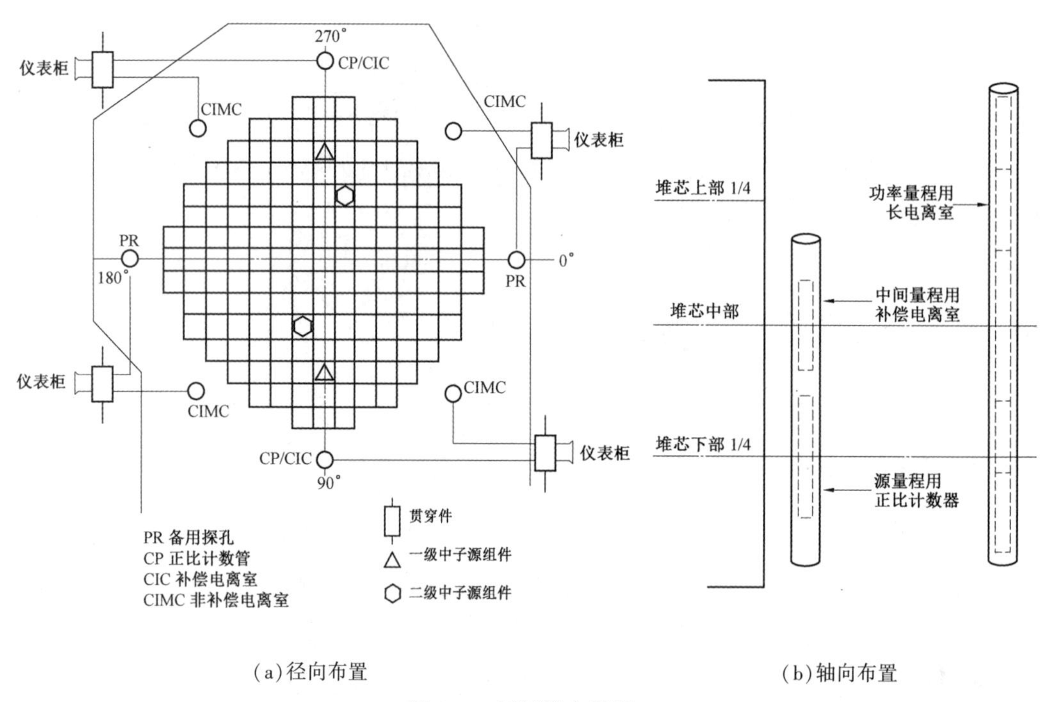

图 8.1　探测器布置图

圆筒形支架整体位于堆芯下部,其中源量程探测器的中心位置对应堆芯下部 1/4 的位置,而中间量程探测器中心位置对应堆芯中部。源量程探测器放在堆芯下部是因为反应堆刚启动时,控制棒逐步由下向上提升,堆芯下部的中子注量率较高。4 个功率量程探测器(非补偿电离室 CIMC)为长电离室,分 6 个灵敏段,其中 3 个用于堆芯下部测量,另外 3 个用于堆芯上部测量。它们分别被装在 4 个相同的圆筒形支架中,且分别位于 4 个象限内成 45°角的 4 个孔中。另外,在 0°和 180°轴线上留有 2 个备用探孔(PR)。所有探测器的信号分别被送往 4 个仪表柜。

探测器圆筒支架先安装在可移动定位装置的拉出位置,然后通过可移动定位装置移动到测量位置。

每个测量通道包含 1 个探测器和安装在支架内的一体化电缆、1 块在仪器井中的连接板、1 根或多根连接探测器和电子设备的电缆、1 个标准仪器抽屉(源量程或中间量程)或 2 个标准仪器抽屉(功率量程)。8 个测量通道的信号处理部分安装在 4 个保护机柜内,仪表柜内的每个抽屉完成 1 种特定功能。每个仪表柜都有指示仪表、手动控制器和指示灯。

RPN 的控制与监测功能由控制机柜和位于主控制室大厅内的监测机柜完成。控制机柜包括 1 个音响计数通道、1 个功率高选单元、2 个信号校准通道、1 个控制逻辑输出电源、1 个中子噪声通道。每个通道安装于 1 个标准抽屉中。从控制机柜传出的信号用于功率的显示、记录、报警及控制。还包括与上述通道有关的探测器定位装置、显示器、记录仪、扬声器、选择开关、报警器电路和窗口等。

8.1.2 三代 PMS

8.1.2.1 系统的功能

三代 PMS 能够诊断异常工况并触发相应的安全相关功能来完成核电站的安全停堆并维持停堆工况,防止反应堆状态超过规定的安全限值或在超安全限值时减轻所造成的损坏。

8.1.2.2 系统的组成

三代 PMS 包括 4 个冗余通道(A/B/C/D)。每个通道主要由以下子系统组成:核测仪表子系统(NIS)、双稳态处理器逻辑子系统(BPL)、局部符合逻辑子系统(LCL)、综合逻辑处理器子系统(ILP)、综合通讯处理器子系统(ICP)、综合测试处理器(ITP)、维修和测试面板(MTP)、核级数据处理子系统(B/C 通道)(QDPS)等。

(1)NIS

NIS 系统有 4 个独立通道,每个通道有 2 个核测仪表子系统,共 8 个核测仪表子系统,通道之间采用物理隔离和电气隔离。堆外核测子系统包括源量程探测器、中间量程探测器、功率量程探测器、源量程和中间量程探测器前置放大器、机柜以及相关支持设备(如连接盒、贯穿件)等。

源量程探测器:用于启动和低功率运行,探测器为 BF_3 比例计数管,可测 6 个数量级。

中间量程探测器:探测器为裂变电离室,包括 8 个数量级,与源量程探测器、功率量程探测器有重叠部分。

功率量程探测器:探测器为非补偿电离室,最高可测 200%功率范围。

源量程和中间量程前置放大器:位于安全壳的墙外,把来自探测器的信号放大,并通过多芯电缆送到核测仪表机柜。

机柜:包括与源量程探测器、中间量程探测器、功率量程探测器接口的核仪表模件,2 个冗余的处理站,供给探测器用的高压电源。1 个机柜里包含 3 个核仪表模件,每个模件对应 1 种量程探测器。

(2)BPL

PMS 有 4 个独立通道,每个通道有 2 个冗余的 BPL 子系统。每个子系统都有输入/输出(I/O)模件、处理和通信模件,并通过 HSL 连接到 8 个 LCL。输入信号的采集、输入一致性比较和送到 LCL 的单通道停堆输出在各自通道内完成。

(3)LCL

PMS 的每个通道包含 2 个等价并行的 LCL，共 8 个 LCL 子系统，每个 LCL 需要 4 个处理器模件，其中 2 个处理器执行反应堆停堆逻辑，1 个处理器执行安全设施触发逻辑，另有 1 个同总线通信的通信模件，该通信模件有 1 个全局存储器，能与其他通道的 LCL 处理器共享数据。

(4)ILP

ILP 设有 2 条冗余通道，用于接收触发信号或驱动信号，并将信号解码后通过部件接口模件驱动现场设备。

(5)ICP

PMS 有 4 个 ICP 子系统。每个 ICP 子系统位于 4 个独立的 PMS 通道中。4 个通道之间相互实体隔离和电气隔离。ICP 子系统包括 2 个处理器模件。每个 ICP 子系统包括模拟输出和数字输出模件。

(6)ITP

PMS 含有 4 个 ITP 子系统，每个通道都有 1 个 ITP 子系统。4 个通道间采用实体和电气互相隔离。用来检测 PMS 运行情况和验证核电站保护系统设定值和参数精度。ITP 包括 2 个处理器模件。

(7)MTP

PMS 每个通道配置 1 个 MTP 子系统，共 4 个 MTP 子系统，各通道之间实施实体隔离和电气隔离。提供同安全系统的人—机界面和维修、测试功能。

(8)QDPS

QDPS 为主控室提供与安全相关的数据。信号通过 B/C 通道送到双稳态处理逻辑子系统。

8.2 二代加 RIC 与三代 IIS

8.2.1 二代加 RIC

8.2.1.1 堆芯温度测量子系统

(1)系统的功能

堆芯温度测量子系统可以给出堆芯温度分布图，并连续记录堆芯温度，显示最高堆芯温度及最小温度裕度；探测或验证堆内径向功率分布不平衡程度；判断是否有控制棒脱离所在棒组；供操纵员观察事故时和事故后堆芯温度和过冷度的变化趋势。

(2)系统的组成

堆芯温度测量通过 40 个热电偶(秦山核电站为 30 个)实现。热电偶由铬镍-铝镍合金制成,包壳用不锈钢,并用氧化铝作绝缘材料。分为 A,B 两个通道,热电偶的热端固定在所测燃料组件水流出口处堆芯上的栅格板上。热电偶导线穿入导线管,10 根导线管穿入 1 个热电偶支承柱,共有 4 个支承柱。热电偶支承柱穿出压力容器顶盖。

热电偶与导出管之间共有 3 层防泄漏密封:支承柱和压力容器顶盖间的密封、支承柱和热电偶导线管间的密封、热电偶与导线管之间的密封。经密封件后,引出的热电偶信号由延伸补偿导线接往冷端箱,冷端箱位于安全壳外。从冷端箱传送来的温度信号沿着铜线经测量管道送到电气厂房的堆芯冷却监测机柜。

8.2.1.2　堆芯中子注量率测量子系统

(1)系统的功能

反应堆启动升功率期间用于检查堆寿命初期功率分布与设计值的一致性,检查用于事故研究的热点因子是否安全,校准堆外中子测量各个电离室,监测在堆芯装料时可能发生的错误;在反应堆正常运行期间检查功率分布作为燃耗的函数与设计要求的一致性,监测燃料组件的燃耗,校准堆外核仪表的刻度,监测堆内运行上的偏离。

(2)系统的组成

堆芯中子注量率测量子系统包括控制监测柜、分配柜和测量通道设备等。由驱动装置和组选择器、路选择器构成的机械组件驱动中子探头进行中子注量率测量;由安装在堆芯测量室的分配柜实现控制设备和机械组件之间的接口;由 1 组密封段和球阀来保证反应堆冷却剂和堆芯中子注量率测量子系统之间的密封性,所有选择器、自动阀的电气连接采用可拆式接头连接。

中子注量率测量通道共 50 个,分别布置在 50 个燃料组件中。在 50 个燃料组件的测量通道内,从堆芯底部插入指套管,探测器在指套管内部移动,从而在堆芯整个高度上逐点测量中子注量率。

探测器是堆芯通量测量的敏感元件,又称为微型裂变室。微型裂变室的中央灵敏电极涂有丰度为 90%的铀的氧化物,两层同心包壳之间充以氩气。裂变室端部连接驱动和导电两用的螺旋形电缆。探测器长度 47 mm,灵敏区长度 27 mm。它的外壳、外电极及同轴电缆的材料均为不锈钢。

堆芯中子测量传递装置用于把中子注量率探测器插入堆芯的 50 个测量通道。传递装置分为 5 组,每组对应 10 个堆芯测量通道。每组由 1 个中子注量率探测器、1 套驱动装置、1 个组选择器、1 个路组选择器、1 个路选择器、50 个自动控制隔离阀等构成,如图 8.2 所示①。

---

① 见附录 2 课程思政内涵释义表第 16 项。

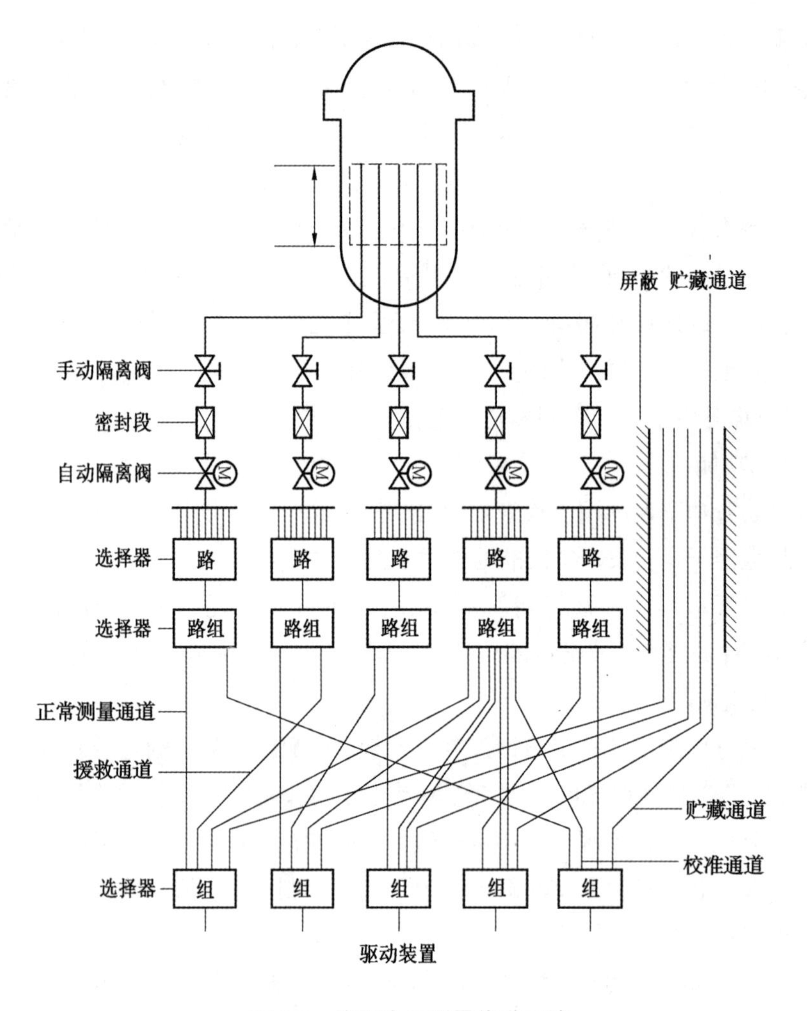

图 8.2 堆芯中子测量传递系统

驱动装置通过驱动螺旋电缆在测量通道内移动探测器。驱动装置主要由传动电机、驱动轮、存储卷盘、位置发选器和安全保护装置等组成。选择器又称转换设备，包括组选择器、路组选择器和路选择器 3 种，每个选择器由 1 个传动电机带动的选择器磁鼓和离合器系统组成。组选择器有 1 个输入通道、4 个输出通道，可以将探测器从驱动机构的探测器起始位置分别引入正常测量通道、贮藏通道、校准通道及救援通道；路组选择器有 2 个或 5 个输入通道，该选择器接纳来自正常测量通道和救援通道的探测器，其中第 4 组路组选择器还作为公共核准通道；路选择器有 1 个输入通道、10 个输出通道。路选择器把探测器导向 10 个测量通道中的任意一个。

堆芯中子注量率测量子系统的控制和监测设备包括分配柜、1 个公共机柜和 5 个测量通道的读出控制柜。

8.2.1.3 压力容器水位测量子系统

(1)系统的功能

失水事故发生时监测堆芯淹没情况，正常充、排水时观察反应堆内水位情况，主泵启动时监测堆芯压差。

(2)系统的组成

压力容器水位测量子系统主要由水位探测部分、数据处理部分和显示部分组成。在反应堆压力容器侧壁的 2 个密封段上游装有仪表接头和隔离阀，用于连接压力容器水位测量压力管线，连接到宽量程和窄量程仪表上。水位探测器上、下取压，测点分别位于反应堆压力容器顶部和底部。

水位探测部分包括 6 台差压计，12 只金属膜片隔离器以及压力传输管道与阀门。差压计分为 2 个系列，每系列 3 台。其中，1 台宽量程差压计、1 台窄量程差压计和 1 台参考差压计。

8.2.2 三代 IIS

8.2.2.1 堆芯温度测量子系统

堆芯温度测量子系统能够向保护与安全监测系统提供信号，用于监测事故后堆芯冷却不当的状况。

堆芯温度测量一般采用镍铬-镍硅合金制成的热电偶，包壳为不锈钢，用氧化铝作绝缘材料。监测燃料组件出口处的冷却剂温度，据此制定堆芯温度分布图。为使在反应堆运行期间能随时测出整个堆芯出口温度分布，堆芯内测点应均匀分布并布有一定的对称测点。

8.2.2.2 堆芯中子通量测量子系统

堆芯中子通量测量子系统能够在线监测堆芯中子通量密度分布，当中子通量密度分布的不均匀性超出允许范围或出现氙振荡等问题时，运行人员可随时采取措施，通过 RPR，确保反应堆的安全。堆芯通量测量系统能提供堆芯三维通量分布图，用于标定保护系统的中子探测器以及支持堆芯特性最佳化功能。三代堆芯测量采用固定式通量探测器。

堆芯中子通量测量子系统能够监测堆芯中子通量密度的空间分布，可确定热管因子的变化。结合堆芯的温度分布和临界热流密度比，为运行人员提供在线计算结果。另外，可进行燃耗分布的计算，为换料和倒料计划提供可靠依据，提高平均燃耗，增加核电站经济性。

8.2.2.3 堆芯探测器

三代 IIS 集自给能探测器和热电偶于一体，不仅能够测量堆芯中子通量，还能测量反应堆内的温度。其中，堆芯中子通量测量子系统为堆芯最佳运行分析的在线三维通量图提供数据。堆芯出口温度监测系统则向保护与安全监测系统提供信号，用于监测事故后堆芯冷却不当的状况。

三代 IIS 由堆芯仪表套管组件以及相关的信号和数据处理设备组成。堆芯仪表套管组件里装有堆芯中子探测器和堆芯出口热电偶元件，堆心出口热电偶元件装在一个护套内。共有 42 根长度相同的堆芯仪表套管组件，每个堆芯仪表套管组件包括 7 个钒热中子探测器和 1 个不接地 K 型热电偶。堆芯仪表套管组件穿过反应堆压力容器的上封头和堆内构件，被插入堆芯活性区。

检测中子通量分布的系统主要有两类：一类是在大量固定的位置上使用固定探测器，它能提供一维、二维或三维功率分布的信息；另一类是使用移动的中子敏感元件，能进行对堆内中子通量的大量扫描，因此可以推得功率分布信息①。

移动探测器为微型裂变室。中央电极上覆盖质量分数为 90% 的二氧化铀（UO_2）涂层。长度为 30 mm，放在直径为 4.7 mm 的密封同心包壳内，空腔内充氩气。

固定探测器采用钒热 β 流自给能中子探测器。探测器中发射体材料俘获中子后发生衰变，在 β 衰变过程中发射高能电子流。平衡时，电极间的电子流形成正比于中子通量的电流，测量该电流就可测出中子通量。自给能中子探测器的中子灵敏度主要取决于发射体材料的中子截面。

8.3 二代加 RRC 与三代 PLS

8.3.1 二代加 RRC

8.3.1.1 系统的功能

二代加 RRC 在稳态运行期间，维持主要运行参数尽可能接近核电站设计所要求达到的最优值，使核电站的输出功率维持在所要求的范围内。

使核蒸汽供应系统（NSSS）能适应正常运行的各种瞬态工况，根据电网的要求和运行的需要，改变系统的运行状态，保持操作上的灵活性。

在运行的瞬态或设备故障时，保持核电站主要参数在允许的范围内，以尽可能减少 RPR 的动作。

8.3.1.2 系统的组成

负荷跟踪是指核电站机组的输出应与电网计划需求相适应。核电站在地区电网的容量中占有相当分量，其负荷的变化可对频率造成较大的影响。机组在额定功率下的运行（即带基本负荷）是负荷跟踪的一种特定方式。NSSS 设有反应堆功率调节系统、反应堆平均温度调节系统、稳压器压力控制系统、稳压器水位调节系统、SG 水位调节系统、蒸汽排放控制系统。

---

① 见附录 2 课程思政内涵释义表第 21 项。

8.3.2 三代 PLS

三代 PLS 能够提供启动、升功率、功率运行、停堆和换料期间的总体核电站控制，PLS 随运行限值的变化(负荷变化)自动调节反应堆和其他主要系统的参数。为非安全级的核电站控制功能的自动和手动控制提供逻辑。

三代 PLS 包含以下功能：反应堆功率控制、稳压器压力控制、稳压器液位控制、SG 液位控制、蒸汽排放(汽机旁排)控制、其他控制。

反应堆功率控制由控制器和相关硬件组成，自动控制反应堆功率，包括控制总的功率水平和堆芯内的功率分布。

稳压器压力控制能够在核电站稳态运行和正常瞬态期间维持稳压器压力在程序设定值上。通过使用稳压器喷淋阀、比例加热器和备用加热器来控制稳压器压力。

稳压器液位控制是在稳态运行和正常核电站瞬态期间，通过 CVS 的上充和下泄维持稳压器液位在设定值来维持反应堆冷却剂装量。

SG 液位控制分为主给水控制和启动给水控制。主给水控制是通过调节阀门的开度来调节进入 SG 的给水流量。

蒸汽排放(汽机旁排)控制在 100%甩负荷或 100%功率跳机时，不发生反应堆跳堆且不需要向大气排放蒸汽，也不需要开启稳压器或蒸发器的安全阀。

其他控制为其他各种系统提供处理和监测功能。

8.4 二代加 RPR 与三代 DAS

8.4.1 二代加 RPR

8.4.1.1 系统的功能①

二代加 RPR 保护三大核安全屏障的完整性。当运行参数达到危及三大核安全屏障完整性的阈值时，紧急停闭反应堆，必要时启动专设安全设施。

8.4.1.2 系统的流程

RPR 是广义反应堆保护系统的一部分，广义的保护系统包括根据核电站参数变化为保护反应堆而操作紧急停堆断路器和专设安全设施执行机构的全部电气设备，还包括过程仪表系统(SIP)和 RPN 中有关保护参数的传感器及模拟电路。

1 个过程参数(如温度、压力、液位、流量等)用多个探测器探测，其中供 RPR 用的至少 2 个，最多 4 个。探测器信号送往各自仪表柜，2 个逻辑信号分别被送往安装在不

① 见附录 2 课程思政内涵释义表第 9 项。

同房间的对应保护柜中。在保护柜中，经过符合门，输出 2 个在电气上没有联系的逻辑信号，分别控制 A，B 两个通道的紧急停堆断路器。逻辑信号为 1(低电平)时，使紧急停堆断路器的失压线圈断电，切断控制棒驱动机构电源，使控制棒在约 3 s 之内全部落入堆芯。

紧急停堆保护包括 ΔT 保护、RPN 提供的保护、环路流量偏低的保护、稳压器和 SG 参数异常引发的保护、汽轮机脱扣引发的保护、停堆保护系统拒动(ATWT)保护以及其他保护。

ΔT 保护是采用限制反应堆进、出口温差的方法来保护燃料包壳的一种紧急停堆保护。燃料包壳超温烧毁的原因主要有两个：一个是燃料芯块局部功率过高，一个是包壳表面产生沸腾危机，即偏离泡核沸腾。

RPN 提供的保护包括源量程紧急停堆、中间量程紧急停堆、功率量程紧急停堆和中子注量率变化率高紧急停堆。

环路流量偏低的保护包括单环路流量偏低保护和双环路流量偏低保护。

稳压器和 SG 参数异常引发的保护包括稳压器压力高保护、稳压器水位高保护、稳压器压力低保护、SG 水位低保护和 SG“水位高高”保护。

汽轮机脱扣引发的保护包括汽轮机脱扣、冷凝器不可用、GCT 不可用等原因引发的保护。

ATWT 保护是指“停堆保护系统拒动”(anticipated transients without trip)。

8.4.2 三代 DAS

三代 DAS 提供自动驱动功能，即当核电站参数超过设定值时，提供多样性的、冗余的自动驱动信号来使反应堆停堆或驱动选定的专设安全设施。手动驱动功能，即为停堆和选定的专设安全设施驱动提供独立的、基于硬接线的、手动驱动功能。显示和报警功能，为选定的核电站参数提供专门的、独立的显示。

通过位于主控室的 DAS 面板可直接手动操作专设安全设施，但对爆破阀的操作需通过爆破阀控制柜来完成，现场的传感器信号送到 DAS 面板，也送到控制器，通过控制器产生自动驱动信号，经 2 取 2 逻辑运算后，完成停堆触发和专设安全设施驱动功能。

(1)与其他设备的接口①

与反应堆停堆设备：多样性反应堆停堆由控制棒电机装置上的就地停堆断路器线圈通电启动。断开这些断路器会使控制棒驱动机构失电，控制棒落棒。

与汽机跳机设备：汽机跳机通过驱动汽机控制系统内的跳机电磁阀来启动。

与反应堆冷却剂泵：跳机线圈通电，导致泵的供电电路断路器打开，使反应堆冷却

① 见附录 2 课程思政内涵释义表第 22 项。

剂泵停泵。

与气动阀:(在安全系统中)使用一个单独的电磁先导阀来提供隔离。

与电动阀:通过给阀门电机控制中心的电源开关设备通电来完成。

与爆破阀:引爆管是一个很小的电气驱动的爆破装置,它能产生气体,操作阀门。使用特殊的控制器作为与引爆管的接口。

(2)自动驱动功能

自动驱动功能由基于微处理器的冗余子系统实现。

DAS 传感器包括 4 个热电阻(热端 2 个、安全壳温度 2 个),4 个热电偶(堆芯出口温度),6 个液位变送器(SG 液位 4 个、稳压器液位 2 个)。

(3)手动驱动功能

手动驱动功能主要包括反应堆停堆和汽机跳机的能力、堆芯补水箱和使所有主泵跳闸的能力、非能动堆芯余热导出系统驱动和 IRWST 疏水管线的隔离能力、安全壳隔离能力、PCS 驱动的能力、氢气点火器控制的能力、ADS 卸压的能力、IRWST 注入的能力、启动安全壳再循环的能力、启动 IRWST 疏水至安全壳的能力。

(4)显示和报警功能

显示参数包括反应堆冷却剂系统热段温度 2 个(每个热段 1 个)、SG 宽量程液位 4 个(每个 SG 2 个)、稳压器液位 2 个(每个稳压器 1 个)、安全壳温度 2 个、堆芯出口温度 4 个(每个象限 1 个)。这些参数可在 DAS 面板上查看,也可在操纵员站/工程师站查看。

核电站工况的报警包括 DAS 已驱动、DAS 离线(即旁路或测试状态);SG 液位输入通道偏离、单通道停堆或类似情况、检测到仪控设备故障、机柜门打开等。

8.5 三代 SMS,RMS,SJS

8.5.1 三代 SMS

8.5.1.1 数字化金属撞击监测系统(DMIMS)

DMIMS 的主要功能是通过分析撞击信号到达监测系统的时差,对撞击发生地点进行定位;通过网络进行远程数据传输;在线分析撞击物的质量大小。

DMIMS 主要包含加速度计传感器、低干扰抗辐射特殊软电缆、前置放大器、信号调节器、声音子系统、电缆盘(柜)同轴电缆插件、数字信号处理器(DSP)、CPU 处理器、机柜内显示器、报警盘、机柜内打印机、以太网连接等。

8.5.1.2 堆芯吊篮振动监视系统(CBVMS)

核测仪表系统中的功率量程通道信号进入正常低频滤波之前,出现的中子噪声由

CBVMS 对该信号加以分析，可以检测到堆芯吊篮横向的移动，从而诊断堆芯吊篮压缩弹簧失去预载、失去热屏蔽的完整性、堆芯顶端和底端的冷却剂流动异常等。CBVMS 安装在 DMIMS 的机柜内。

8.5.1.3　反应堆冷却剂泵监测系统(RCPMS)

RCPMS 不间断运行，为冷却剂泵性能评估辅助分析提供诊断工具和信息。用加速度计作为振动传感器，每台泵各有 2 个(X 和 Y)。传感器信号在 1 个仪表柜内加以处理，运行控制中心用来对数据和报警进行处理与显示。

8.5.2　三代 RMS

8.5.2.1　工艺过程、气载放射性和排出流辐射监测子系统①

工艺过程、气载放射性和排出流辐射监测子系统利用工艺辐射监测仪表，测定核电站工艺流体系统中放射性物质的浓度；利用气载放射性监测仪表，测量通风系统中不同地点的放射性浓度，向运行人员提供核电站内通过空气传播的放射性物质的浓度；利用排出流辐射监测仪表，测量排放到环境中的放射性物质的浓度；利用事故后监测仪表，对核电站事故期间潜在释放路径中的放射性物质进行监测。

工艺过程监测包含 SG 排污辐射监测、CCS 辐射监测、主蒸汽管道辐射监测、服务水排污辐射监测、PSS 液体样品辐射监测、PSS 气体样品辐射监测、主控室通风管道辐射监测、安全壳空气过滤排气辐射监测、气态放射性废物排放辐射监测、安全壳内空气辐射监测。

气载放射性监测包含燃料装卸区排气辐射监测、辅助厂房排气辐射监测、附属厂房排气辐射监测、物理保健和热机加工车间排气辐射监测、放射性废物厂房排气辐射监测。

排出流辐射监测包含核电站烟囱辐射监测、汽机岛通风排气监测、液态放射性废物排放辐射监测、废水排放辐射监测。

8.5.2.2　场所辐射监测子系统②

场所辐射监测子系统用于监测核电站工作场所的辐射场变化，使之剂量率保持在辐射安全管理文件的规定限值以内，从而减少工作人员接受的辐照剂量，避免放射性核素向外扩散；提供辐射剂量率上升的信息，及时发现事故状态；提供事故期间以及事故后的辐射场水平。

监测场所包括安全壳、一回路取样间、安全壳人员闸门、主控室、化学实验室、燃料装卸区、辅助厂房进料台、液体和气体放射性废物区、技术支持中心、放射性废物厂房移动系统设施、热机加工车间、附属集结待运和集结区、控制区大门出入口等。

①② 见附录 2 课程思政内涵释义表第 30 项。

8.5.3 三代 SJS

数字式 SJS 用来收集核电站对地震的响应数据。加速度记录仪机柜内装有 4 个强震记录仪，分别与 4 个三轴向加速度传感器单元相连，并为它提供工作电源。如果三轴向加速度传感器所测得的加速度超过定值，系统对所记录的地震数据进行分析；如果累计绝对速度超出了规定值，向操纵员发出警报。

地震仪表系统的定期试验，是利用时程分析仪内的软件进行功能试验。该系统采用模块化设计，因此可以试验或维修其中的某一个通道，而不需停用剩余部分。维修活动尽可能在停堆换料期间进行，同时进行通道标定和功能试验。

8.6 对　比

第一，RPN 与 RMS 在结构与运行方面存在很大差异：RPN 主要从控制方向对系统进行介绍，而 RMS 主要从信号与数据处理方向进行介绍。

第二，二代加技术中堆内仪表采用移动式的微型裂变室；而三代技术中增加了固定式中子测量仪表，采用钒热自给能中子探测器。

第三，IIS 取消了 RIC 的压力容器水位测量子系统。

第四，RPR 与 DAS 在功能与结构上也有一定的差异：RPR 着重于逻辑判断，DAS 着重于监测过程。

第五，三代技术对 SMS，RMS，SJS 等系统进行了详细的设计与论述。

第 9 章　其他辅助系统

二代加的压水堆技术还设有 DCS 控制系统、核岛通风空调系统、常规岛冷却水系统、输配电系统、厂用电系统、除盐水分配系统、压缩空气分配系统等；三代的压水堆技术还设有三代仪控系统、加热通风及空调系统、常规岛辅助系统、开关站和场外电力系统(ZBS)、厂内外电源系统、BOP 系统、压缩空气和核电站气体系统等①。

9.1　二代加 DCS 控制系统与三代仪控系统

9.1.1　二代加 DCS 控制系统

二代加 DCS 控制系统主要用于监测和控制核电站热能和电能生产的主要和辅助过程，在所有运行模式(包括应急情况)下，维持核电站的安全性、可操作性和可靠性，并且在正常运行工况下，保证核电站的经济性。

一个最基本的 DCS 可分为 I/O 层、过程控制层、操作监视层和高级应用(信息管理)层，各层既相互独立又相互联系，每一层又可水平分解成若干子集。从功能上，纵向分层意味着不同层的设备承担不同的系统功能，如实时控制、实时监视、生产过程管理等，体现了数据集中监视和管理的特点。总体结构从纵向上分为 4 层：现场管理层、操作和信息管理层、过程自动控制层、过程接口层。

9.1.2　三代仪控系统

三代仪控系统利用数字化控制和保护系统，集成了核电站各个独立的工艺系统，为核电站的保护和操作提供了一个统一的界面。这种集成的仪控系统设计，减少了接口和软件平台的数量，从而提供了一个优化的结构和性能。

三代仪控系统采用 2 种类型的平台：Ovation 平台(用于实现安全仪控功能)和 Common Q 平台(用于实现正常运行仪控功能)。该系统包括计算机、操作员站、机柜、多路调制器和远程 I/O 等。

---

① 见附录 2 课程思政内涵释义表第 17 项。

◆◇ 9.2 二代加核岛通风空调系统与三代加热通风及空调系统

9.2.1 二代加核岛通风空调系统

二代加核岛通风空调系统能够为人员提供进入及工作的舒适环境，为设备的正常运行创造安全的环境条件，以及控制和限制污染空气或气体的排放。其主要手段是通过对空气温度、压力、湿度、放射性、洁净度以及换气频率等参数的调节、控制来达到所要求的环境条件。

9.2.1.1 核岛冷冻水系统(DEG)

DEG是一个封闭的冷却系统，用于冷却来自下列核岛通风系统的空气：安全壳连续通风系统(EVR)、反应堆堆坑通风系统、DVN、核燃料厂房通风系统(DVK)、辅助给水泵房通风系统(DVG)。

9.2.1.2 EVR

EVR在反应堆正常运行期间投入工作，用于带走反应堆厂房内设备释放出来的热量，以保持适合于设备运行及在安全工作区工作的人员易进行活动的环境温度。

9.2.1.3 反应堆堆坑通风系统(EVC)

EVC对反应堆压力容器保温层外表面、反应堆堆坑混凝土、堆外电离室、压力容器支承环、包围反应堆冷却剂管道的混凝土通道实施冷却通风。

9.2.1.4 安全壳换气通风系统(EBA)

冷停堆期间，EBA可以保持安全壳内维修人员工作所能接受的环境温度，用最短的时间降低安全壳内气体裂变产物的浓度，以允许人员持久进入；停堆期间，维持排气分离罐适当的负压。

9.2.1.5 安全壳内空气净化系统(EVF)

EVF能在安全壳内部污染时人员进入前及逗留期间，降低安全壳内大气放射性活度。

9.2.1.6 ETY①

正常运行期间，ETY能对安全壳内大气进行清洗并使排气经高效过滤器和碘吸附器过滤后通过烟囱排向大气，实现对安全壳大气的间断性更新；根据大气压力的变化，保持安全壳与外部之间的潜在过压最大不超过6 kPa；在失水事故后的几小时内，对安全壳内大气中的氢浓度进行空气取样和测量，并使大气混合，以避免氢聚集在安全壳拱顶处，必要时启用氢气复合器降低氢浓度；连续测量安全壳内大气的放射性，并给出启动或停

① 见附录2课程思政内涵释义表第27项。

运安全壳清洗回路及在辐射防护可接受条件下允许人员进入安全壳的信号；连续监测安全壳内的压力和温度。

9.2.1.7 安全壳及其泄漏监测系统(EPP)

EPP 能保持安全壳的整体完整性，并保持安全壳及其部件的密封性，从而保证安全壳在运行期间及发生事故时的密闭性。在一回路或二回路发生泄漏时承受内压并限制放射性产物的泄漏；对外部事件(飞射物)进行防护；在正常运行期间，对反应堆冷却剂系统的放射性提供生物屏蔽，并限制污染气体的泄漏。

9.2.1.8 DVK

DVK 能确保燃料厂房有关设备安全正常运行及人员进入所需的室内温度；限制燃料厂房室内环境空气中水蒸气的质量分数，以减少燃料池壁上结露的风险；在发生燃料装卸事故、铅罐装卸事故及 LOCA 时，降低排出空气中的放射性至可接受水平。

9.2.1.9 DVN

核电站正常运行时，DVN 能将 NAB 和电气厂房高温区的内部温度保持在设备正常运行、人员健康及安全所规定的范围之内；根据辐射防护分级，限制房间中的气溶胶放射性水平，以便人员进入；控制空气从可能较低的污染区流向可能较高的污染区，并将其放射性浓度降至允许水平后排放；保持厂房的轻微负压，使核电站在各种运行方式下向外泄漏的放射性气溶胶最少；在反应堆冷停堆期间向 EBA 提供所需的风量和过滤、排放要求；在 NAB 电气间发生火灾时进行排烟。

9.2.1.10 电气厂房主通风系统(DVL)

DVL 用于低压和中压配电盘及继电器室、出入口通道区和冷区、压缩机房的通风。确保为设备运行及人员提供进出所要求的合适温度及换气次数(1 次/小时)；提供所涉及的各区域内的微小正压，以避免尘埃的渗入；污染物向大气释放时提供电气厂房内闭路循环冷却通风。

9.2.1.11 电气厂房排烟系统(DVF)

DVF 能确保电气厂房中安装电气设备的主要房间在火灾发生时的排烟需要。

9.2.1.12 电缆层通风系统(DVE)

DVE 可以为安装在电缆层的电缆、蓄电池、RPR 设备及其他有关设备提供合适的通风服务，以确保适当的换气条件和环境温度。

9.2.1.13 主控制室空调系统(DVC)

DVC 能够保持房间内的温度和湿度在规定的限值内，以满足设备运行和人员长期停留的要求；使空气相对湿度保持在 45%~70%范围内；保证最小的新风值，并维持室内压力略高于出入口房间的压力；事故情况下，使新风净化或者使空气完全再循环，以保证操纵员的安全卫生条件。

9.2.2 三代加热通风及空调系统(HVAC)

三代 HVAC 是降低工作场所放射性物质浓度的有效手段。通风设计保证了合理的气流方向，防止污染扩散或交叉污染。控制压力边界，维持潜在放射性气体区域负压，防止放射性气体释放到其他清洁区。通过合理的换气次数，实现工作场所的净化，减少工作人员吸入气态放射性物质和放射性粉尘的情况，减轻放射性气溶胶对工作人员的照射。

为设备的正常运行创造安全的环境条件，为人员进入及工作提供舒适的环境。另外，通过空气过滤器对送风空气处理机组进风进行过滤，以减少空气中的灰尘；通过使新风入口和室外排风口保持一定的卫生距离，保证直流式系统的新风质量。

HVAC 主要包括放射性控制区通风系统(VAS)、核岛非放射性通风系统(VBS)、安全壳循环冷却系统(VCS)、安全壳空气过滤系统(VFS)、物理保健和热机修车间 HVAC(VHS)、放射性废物厂房 HVAC(VRS)、附属/辅助厂房非放射性通风系统(VXS)、柴油发电机厂房供热和通风系统(VZS)、汽轮机厂房通风系统(VTS)、其他 BOP 厂房加热通风及空调系统。

9.3 二代加常规岛冷却水系统与三代常规岛辅助系统

9.3.1 二代加常规岛冷却水系统

9.3.1.1 CRF 及循环水过滤系统(CFI)

CRF 和 CFI 通过两条独立的进水渠向每台机组的冷凝器和 SEN 提供冷却水(海水)，过滤一台机组所需的全部海水。

9.3.1.2 循环水处理系统(CTE)

CTE 通过电解海水产生浓度为每升海水 1 克的次氯酸钠溶液，用以保护与海水接触的系统设备(CFI，CRF，SEC)。

9.3.1.3 SRI

SRI 将常规岛系统设备及部分 BOP 设备运转产生的热量导出。

9.3.1.4 SEN

SEN 为 SRI 的冷却器和 CVI 的冷却器提供过滤的冷却水(海水)。

9.3.2 三代常规岛辅助系统

9.3.2.1 汽机厂房闭式冷却水系统(TCS)

TCS 用来给汽机房内各辅机设备换热器提供可靠的冷却水。TCS 是一个闭环冷却系统，它把热量从用户换热器传递到循环水，最终排向环境。

9.3.2.2　汽机厂房开式冷却水系统

汽机厂房开式循环冷却水系统向 TCS 提供冷却水，通过板式水-水热交换器带走汽机厂房闭式冷却水系统排出的热量，并将热量通过 CWS 排到海水中。

9.3.2.3　常规岛化学药剂供给系统

常规岛化学药剂供给系统将所需的化学药品注入凝结水、给水、闭式水系统，维持系统的合适水化学工况，保证这些系统免于腐蚀和结垢。

9.3.2.4　CWS

CWS 将核电站主凝汽器和汽轮机厂房闭式冷却水系统热交换器的热量导出至大海，CWS 能够在正常运行期间和发生汽机跳机的甩负荷期间提供足够的热导出能力。

开式循环冷却水系统(OCCWS)通过 TCS 热交换器来冷却 TCS，最终与循环水一起排向大海，OCCWS 能够在正常运行期间为 TCS 提供足够的热导出能力。

凝汽器管道清洁系统(CES)是闭式系统，以 CWS 的运行为基础，循环水带动胶球清洗凝汽器管道内部，以确保热交换器的性能和凝汽器的负压。

9.4　二代加输配电系统、厂用电系统与三代 ZBS、厂内电源系统

9.4.1　二代加输配电系统

9.4.1.1　输电系统(GEV)

GEV 将发电机产生的电力通过主变压器输送给电网，并通过降压变压器输送给厂用电设备。

9.4.1.2　同步并网系统(GSY)

分相隔离连接母线的功能是把发电机产生的电力输送给主变压器和降压变压器，并向保护系统、自动励磁调节系统和同步装置的 PT 供电。

负荷开关用来把发电机与系统同步并网。在断开时，允许机组由厂外电源经主变压器和降压变压器向厂用辅助设备供电。超高压断路器断开时，允许发电机直接带厂用电运行。

自动同步器的功能是自动比较机组与电网的电压、频率及相位，满足要求时给出闭合负荷开关或超高压断路器的信号。

发电机中性点接地设备的功能是给 26 kV 系统中性点提供一个对地的阻抗通路，它包括 1 台匹配变压器和低压侧大电流低阻电阻器。共设两套中性点接地装置，一套接在发电机星形母线的中性点，另一套接在降压变压器 A 的中性点。

9.4.1.3 主开关站和超高压配电装置(GEW)

GEW 把两台机组发出的电力输送给电网；在机组停机或启动时，将外电网电力供给厂用电设备。同时可按照两电网需求分配每台机组发出的电力。

9.4.1.4 发电机-变压器继电保护系统(GPA)

在 GPA 保护范围内发生电气或机械故障时，对本系统的主要设备提供保护，在最短的时间内消除故障，或将故障部分从整个系统中隔离出来，使损害降到最小，以确保核电站和电力系统的安全运行。

9.4.2 二代加厂用电系统

在任何工况下，为核电站的附属设备提供安全可靠的电源，并为与核安全有关的系统和设备提供应急电源，以保证核电站的安全运行。主要由中压交流配电系统(6.6 kV)、低压交流配电系统(380，220 V)、直流配电系统(230，125，48，30 V)组成。

9.4.3 三代 ZBS

ZBS 把核电机组发出的电力输送给电网，且保证正常电源不可用时为核电站提供厂用电源。

500 kV 电气系统(500 kV 开关站和主变压器至 500 kV 开关站架空线路)，在机组启动、停运或发电机组故障跳开发电机出口断路器时，从电网取得电源，经主变压器和高压厂用电变压器为核电站内部辅助设施提供所需的厂用电源。

220 kV 电气系统(220 kV 开关站和 220 kV 开关站至辅助变压器进线电缆)，在正常厂用工作电源和优先厂用电源故障停运时，经辅助变压器为核电站提供连续供电的厂用电源及机组检修电源。

网络微机监控系统(NCS)，对 500 kV 及 220 kV 系统进行数据采集、处理和监视控制，与机组 DCS 和远动系统进行数据通信。

9.4.4 三代厂内电源系统

9.4.4.1 主交流电源系统(ECS)

ECS 为反应堆、汽轮机、BOP 电气负荷供电，以保证启动、正常运行、正常/紧急停机。安全功能是保证主泵的可靠跳开。由中压子系统、低压子系统、两台附属柴油发电机组成。

9.4.4.2 安全相关直流电源系统(IDS)

IDS 给仪表、核电站启动、正常运行及正常或紧急停堆所需重要设备提供不间断电源。此外，给主控室和远方停堆工作站的正常和应急照明提供电力。

9.4.4.3 非安全相关直流电源系统(EDS)

EDS 给与核电站运行和核电站可靠性相关的非安全级控制和仪表负载提供不间断、可靠电源。

9.4.4.4 厂内备用电源系统(ZOS)

ZOS 由两台厂内备用柴油发电机供电，在失去全厂正常和优先电源时供电。

◆◇ 9.5 二代加除盐水分配系统与三代 BOP 系统

9.5.1 二代加除盐水分配系统

9.5.1.1 SER

SER 贮存并分配 pH 值为 9 的除盐水到核电站各回路。

9.5.1.2 盐岛除盐水分配系统(SED)

SED 存贮和提供 pH 值为 7 的核级水质的除盐水。

9.5.1.3 SEK

SEL 收集二回路系统和厂房各处来的放射性疏水。从含油放射性疏水中把油分离出来并以受控的方式进行处理，然后把放射性水送到 TER。

9.5.1.4 消防水生产和分配系统

消防水生产和分配系统分为消防水生产系统(JPP)和消防水分配系统，消防水分配系统又分为厂区消防水分配系统(JPU)、建筑物内部消防水分配系统(JPD)。

9.5.2 三代 BOP 系统

9.5.2.1 水处理厂(TPS)

TPS 是核电站内的自备水厂，接收来水，除去原水中的悬浮物、胶体物质、细菌及其他有害成分，使水质满足核电站各种用户的需要。

TPS 生产两种水质的水，即生活水质的水(包括生活用水、消防水补水、工业水)和除盐水处理系统(DTS)的给水，以满足不同用户的要求。

9.5.2.2 除盐水处理系统(DTS)

接收 TPS 的水进行处理，除去离子性杂质，并向除盐水储存和分配系统(DWS)提供除盐水。

9.5.2.3 DWS

DWS 接收来自 DTS 的水，除去溶解的氧气并且储存除盐水以供给 CST 和全厂的除盐水分配。除此之外，除盐水还用于冲洗废放射性树脂。

9.5.2.4 消防系统(FPS)

核电站消防系统由火灾探测和报警设备、消防水供给设备、自动和手动灭火设备等组成。压缩空气和仪用空气系统(CAS)向 FPS 提供洁净、干燥的空气，允许预作用和干管喷水系统运行。PCS 通过在核电站正常运行及安全停堆地震后都能正常使用的抗震立管，向 FPS 提供一个抗震设计的水池及供水管线。原水系统向消防水箱提供过滤水。核电站照明系统(ELS)提供 FPS 维护照明和事故后通道的照明。

9.6 其他系统

9.6.1 二代加压缩空气分配系统

9.6.1.1 压缩空气生产系统(SAP)

SAP 在所有工况下为核电站两台机组生产供所有动力设施需要的压缩空气，并通过仪表用压缩空气分配系统(SAR)和公用压缩空气分配系统(SAT)分配至各用户。

9.6.1.2 SAR

SAR 保证仪表用压缩空气的分配，以供应位于核电站各个场所的气动控制装置。

9.6.1.3 SAT

SAT 把压缩空气分配到机组以及厂区建筑物，在机组运行和停运期间操作工具和气动泵。

9.6.2 三代压缩空气和核电站气体系统

9.6.2.1 CAS

仪用空气子系统为气动阀和风门提供压缩空气。厂用气子系统将压缩空气分配到各个接口，为全厂气动工具和气动泵提供压缩空气；同时厂用气子系统的空气经过独立的集成净化设备过滤后，为呼吸用气提供气源。高压空气子系统为 VES、发电机断路器组件以及消防设备再充站提供压缩空气，同时为 VES 贮气罐从厂外气源补气提供接口。主要设备位于汽轮机厂房内。

9.6.2.2 核电站气体供应系统(PGS)

PGS 包括氮气、氢气和二氧化碳子系统。

氮气部分是一个由液氮存储罐和蒸发器组成的成套设备。氮气同时供应高压、低压子系统。高压氮气经降压后供给冷却剂疏水箱，用于吹扫和密封。低压氮气用于设备吹扫、气体覆盖和密封。

氢气部分是一个成套系统，该系统由 1 个液氢储存罐和蒸发器提供氢气，对主发电机进行冷却，向 DWS 供氢气，以除去溶解氧并能用于其他各种维护。

二氧化碳子系统是成套系统，位于汽轮机房内，由 1 个液态二氧化碳储气罐和 1 个蒸发器组成，为主发电机提供气体置换所需的二氧化碳。

9.6.3 其他辅助系统

二代加技术还设有核电站信号系统，包括集中数据处理系统(KIT)、报警处理系统(KSA)、主控制室(KSC)、安全盘监督系统(KPS)等。

三代技术还设有电解海水制氯系统(WIS)：通过整流变压器和整流器，使海水发生电解，产生活性有效氯，投加到机组冷却海水中；

阴极保护系统：给地下和水下的易受电化学腐蚀的金属管道和建筑提供防腐保护；

接地和避雷保护系统(EGS)：为核电站建筑物和设备提供接地和避雷保护；

核电站照明系统(ELS)：为厂区提供照明和便利电源；

核岛机械操作系统：由装换料系统(FHS)和材料装卸系统(MHS)组成；

此外，还有通信系统(EFS)，运行闭路电视系统(TVS)，火灾探测、报警和驱动系统(FPS)等。

9.7 对 比

第一，二代加技术与三代技术的数字化仪控系统基于不同的开发平台进行设计。

第二，二代加技术与三代技术其他相对应系统主要差异是在分系统的划分和设计方面。

第三，在其他系统方面，由于二代加技术与三代的技术差异，使得两者类似功能的系统无法完全一一对应，在很多情况下，存在系统间的交叉融合，同时二代加技术与三代技术都有针对自身技术特点专门设计的系统。

第四，两种技术中还有一些系统在目前公开的资料中并没有进行详细的介绍。

第 10 章　压水堆运行基本知识

◆◇ 10.1　压水堆标准运行模式

10.1.1　压水堆运行工况

根据可能发生反应堆事故的概率以及可能对居民带来的放射性后果，核电站的运行工况可以分为 4 类，即正常运行和运行瞬态工况、中等频率事件（预期运行事件）工况、稀有事故（一般事故）工况以及极限事故（严重事故）工况。

第Ⅰ类工况：正常运行和运行瞬态。包括以下 3 种情况。

第一，核电站的正常启动、正常停闭和稳态运行。正常启动包括从维修冷停堆启动、从正常冷停堆启动、从热停堆启动等方式；正常停闭包括从功率运行状态过渡到热备用状态、热停堆状态、冷停堆状态等；稳态运行指核电站稳定运行在某一功率水平上，功率的大小取决于电网的需求。

第二，带允许偏差的极限运行。在核电站的技术规格书中对此类运行工况有详细的规定。例如，燃料包壳有泄漏、SG 传热管有泄漏，但是其导致的放射性水平升高并未超过规定的最大允许值；允许在运行过程中做的试验等。

第三，运行瞬态。指反应堆的升温升压或降温降压过程，以及在允许范围内的负荷变化等。例如，额定功率线性变化（1%~5%）、额定功率阶跃变化±10%、额定功率阶跃变化±10%以上等。

第Ⅱ类工况：中等频率事件（预期运行事件）。

指在核电站运行寿期内，即核电站从建成发电到退役，预计出现一次或数次偏离正常运行的所有运行过程，发生此类情况的频率约为 10^{-2} ~ 1/堆年（每台机组每年发生 0.01~1 次）。

第Ⅲ类工况：稀有事故（一般事故）。

指在核电站寿期内，这类事故一般极少出现，为了防止或限制对环境的辐射伤害，专设安全设施需要投入运行，发生概率约为 $10^{-4}\sim10^{-2}$/堆年。

第Ⅳ类工况：极限事故(严重事故)。

这类事故发生的可能性非常低，因此也称假象事故。一旦发生，会释放大量的放射性物质，需专设安全设施投入运行。发生概率为 $10^{-6}\sim10^{-4}$/堆年。

这 4 类工况的运行除了需要按照规定的操作规程执行外，还要满足一定的放射性指标及安全准则要求。

我国国家核安全局批准发布的《核电厂设计安全规定》①中，针对核电站定义了 4 种运行状态，即正常运行、预计运行事件、设计基准事故和严重事故。其中，正常运行、预计运行事件被认定为运行状态，设计基准事故、严重事故被认定为事故状态。

正常运行是指核电站运行在规定运行限值和条件范围内，包括停堆状态和过程、功率运行、启动、维护、试验和换料。

预计运行事件是指在核电站运行寿期内，预计可能出现一次或数次偏离正常运行的各种运行过程。

设计基准事故是指核电站根据设计准则，制定了安全措施的各种事故。

严重事故也称为超设计基准事故，是指会导致放射性物质大量释放到环境的事故，比如反应堆堆芯遭到严重损坏和熔毁、安全壳损坏等。

10.1.2 压水堆运行模式的划分

正常运行工况下，根据热力学参数水平、反应堆物理特性、辅助系统运行状态，大亚湾核电机组划分了 6 种运行模式，分别为反应堆完全卸料模式、换料停堆模式、维修停堆模式、RRA 冷却正常停堆模式、SG 冷却正常停堆模式、功率运行模式；秦山一期核电机组同样划分了 6 种运行模式，分别为功率运行模式、热态零功率模式、热停堆模式、中间停堆模式、冷停堆模式、换料停堆模式；以三代机组 AP1000 为代表的三代压水堆技术的 6 种运行模式分别为功率运行模式、启动模式、热备用模式、安全停堆模式、冷停堆模式、换料停堆模式。而岭澳核电机组根据二代压水堆技术的旧版技术运行规范划分了 9 种运行模式，即换料冷停堆模式、维修冷停堆模式、正常冷停堆模式、单相中间停堆模式、两相中间停堆模式(RRA 可用)、正常中间停堆模式(RRA 退出)、热停堆模式、热备用模式、功率运行模式。4 个核电机组运行模式的对比如表 10.1 所示。

① 见附录 2 课程思政内涵释义表第 1 项。

表 10.1　4 个核电机组运行模式对比

<table>
<tr><td>核电机组</td><td colspan="11">运行模式</td></tr>
<tr><td rowspan="2">岭澳</td><td rowspan="2">无</td><td rowspan="2">换料冷停堆</td><td rowspan="2">维修冷停堆</td><td rowspan="2">正常冷停堆</td><td colspan="3">中间停堆</td><td rowspan="2">热停堆</td><td rowspan="2" colspan="2">热备用</td><td rowspan="2">功率运行</td></tr>
<tr><td>单相</td><td>两相</td><td>正常</td></tr>
<tr><td>大亚湾</td><td>完全卸料</td><td>换料停堆</td><td>维修停堆</td><td colspan="3">RRA 冷却正常停堆</td><td colspan="4">SG 冷却正常停堆</td><td>功率运行</td></tr>
<tr><td>秦山一期</td><td>无</td><td>换料停堆</td><td>无</td><td>冷停堆</td><td colspan="3">中间停堆</td><td>热停堆</td><td colspan="2">热态零功率</td><td>功率运行</td></tr>
<tr><td>AP1000</td><td>无</td><td>换料停堆</td><td>无</td><td colspan="3">冷停堆</td><td colspan="2">安全停堆</td><td>热备用</td><td>启动</td><td>功率运行</td></tr>
</table>

可以看出，只有换料停堆模式及功率运行模式的定义是一致的，但在具体运行指标上仍有区别。比如，对于换料停堆模式，秦山一期核电机组一回路平均温度要求控制在 50 ℃以下；岭澳和大亚湾核电机组要求控制在 60 ℃以下；三代技术(AP1000)要求控制在 71 ℃以下。(详细的对比在 10.1.3 节介绍)

区分各运行模式的热力学参数主要有一回路压力 P 与一回路平均温度 T；反应堆物理特性主要是次临界度；辅助系统主要是 RRA。图 10.1、图 10.2 分别为大亚湾核电站与岭澳核电站运行模式 P-T 图。核电机组的各种运行模式都可以在图中相应区域找到。各区域由 10 条主要的限制曲线分割而成。P-T 图在不同运行模式下，要求参数运行曲线不能超出由限制曲线组成的模式对应区域。虽然不同类型的核电机组对运行模式的划分有所差异，但是运行模式 P-T 图并没有太大差别。由于岭澳核电机组对运行模式的划分比较细致，因此本书以岭澳核电机组为主进行详细的分析介绍，同时和其他机组及技术的运行模式进行对比。

第一，水的饱和曲线。

根据水的饱和温度与压力的关系绘制，即 P_{sat}-T_{sat}线，其中 sat 表示饱和状态。

压水堆对一回路压力和温度的要求，是保证一回路不能产生水蒸气，保证一回路处于单相状态，但稳压器除外。稳压器内要求保持一定的蒸汽空间，以达到稳压作用，稳压器内汽水两相处于平衡状态，也处于饱和状态。另外 SG 二次侧是汽水两相，蒸汽处于饱和状态。这两个设备运行在饱和曲线上。

第二，RCP 运行温度的上限制线。

根据低于饱和压力下的饱和温度 50 ℃绘制，即 P_{sat}-T_{sat}-50 ℃线，其意义是任何工作压力下，一回路冷却剂平均温度要控制在该曲线之上，即 T_{av}小于 T_{sat}-50 ℃。

该曲线可以保证一回路处于单相状态，防止出现偏离泡核沸腾的现象(稳压器除外)，偏离泡核沸腾会引起传热恶化(第一类沸腾危机)，造成燃料融化的危险。另外，还可以避免泵吸入口局部汽化，造成主泵叶片的汽蚀(主泵运转时其吸入口的速度增加、压力降低)。

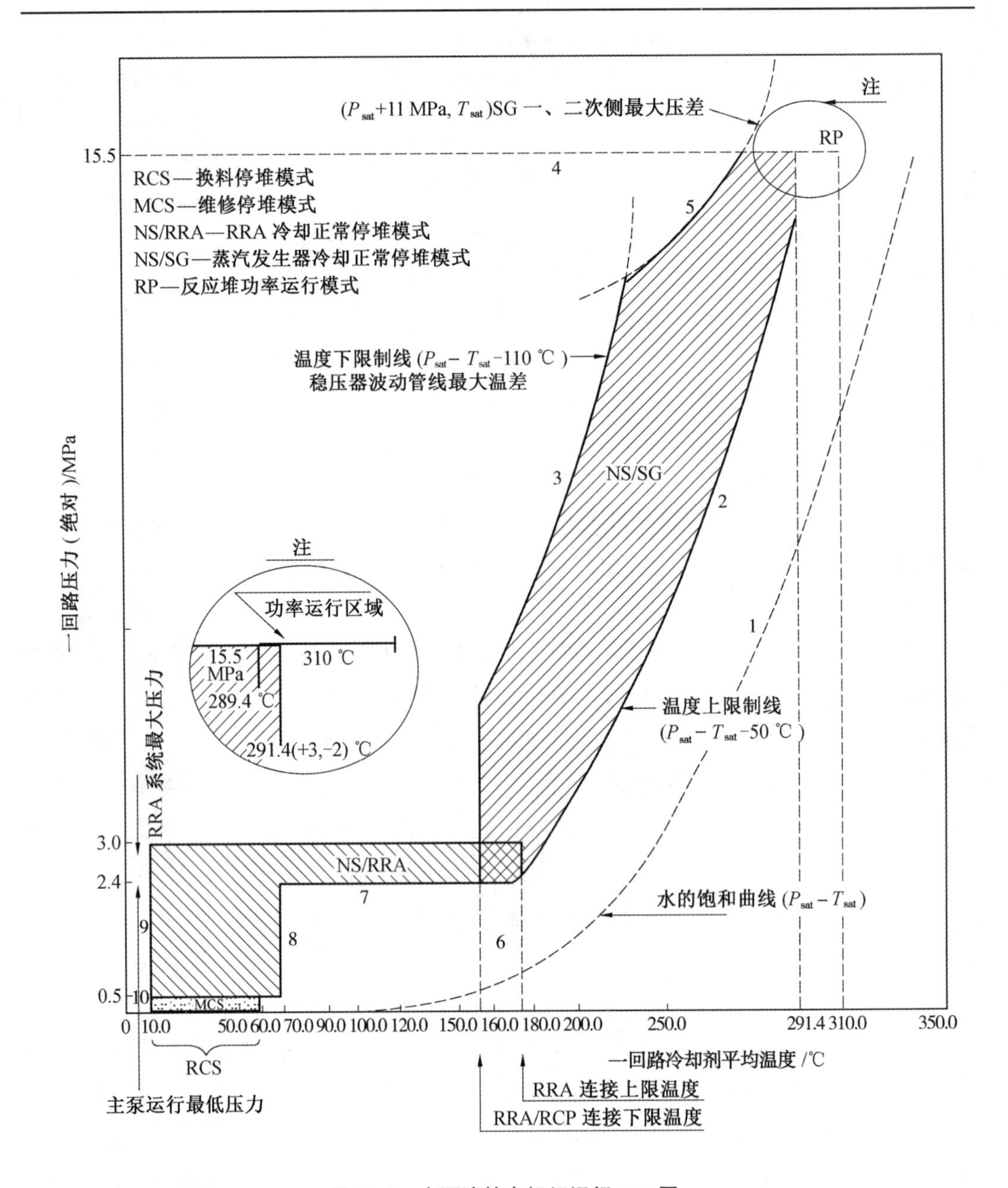

图 10.1 大亚湾核电机组运行 *P-T* 图

第三，RCP 运行温度的下限制线。

根据低于饱和压力下饱和温度 110 ℃绘制，即 $P_{sat}-T_{sat}-110$ ℃线，其意义是任何工作压力下，一回路冷却剂平均温度要控制在该曲线之下，即 T_{av} 大于 $T_{sat}-110$ ℃。

这是为了控制稳压器波动管的温差应力（由于稳压器和一回路主管道之间的波动管两端存在温差）。

第四，RCP 额定运行压力线。

根据一回路的额定运行表压力绘制，即 *P-T* 图顶部的一条水平线。它的规定受回路

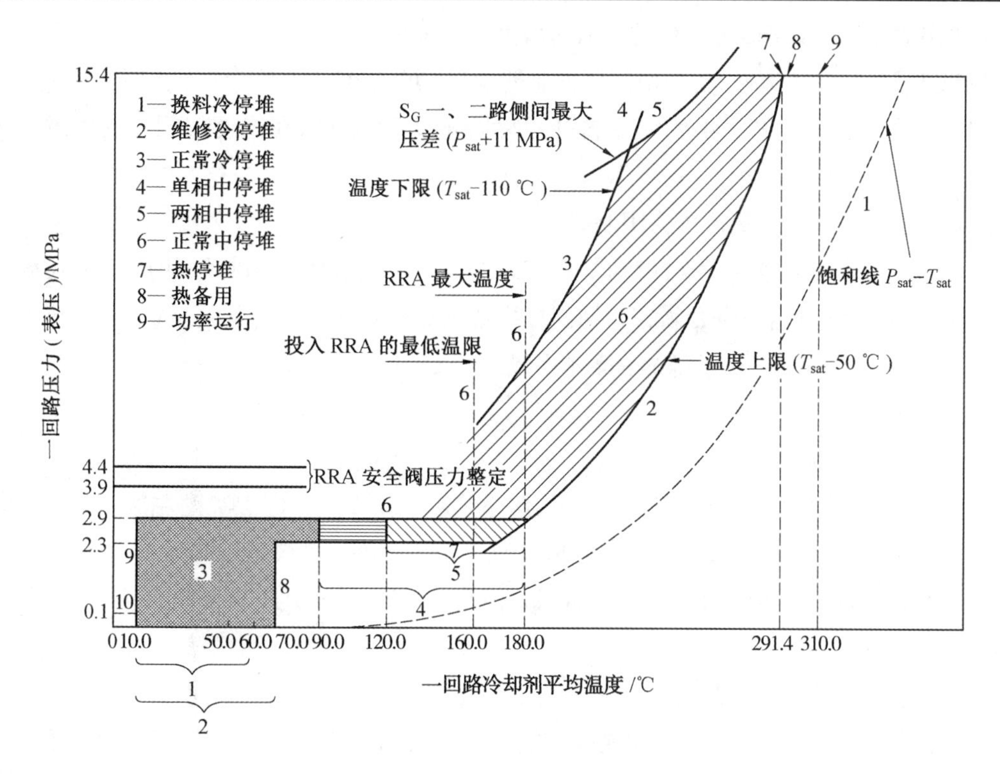

图 10.2　岭澳核电机组运行 *P-T* 图

设计的机械强度限制。

不同类型核电机组，其额定工作压力也不尽相同。岭澳核电机组为 15.4 MPa，大亚湾核电机组为 15.5 MPa，秦山一期核电机组为 15.2 MPa，三代技术(AP1000)为 15.5 MPa。

第五，SG 管板两侧最大压差的限制线。

根据饱和温度下，高于饱和压力 11.0 MPa 绘制，即 P_{sat}+11 MPa-T_{sat}线，该限制线相当于将水的饱和曲线(第 1 条限制线)上移 11.0 MPa。其意义是 SG 管板两侧的压差不能大于 11.0 MPa。

管板位于 SG 下部，起到支撑传热管(U 形管)和隔离一、二回路的作用。管板是一块开有许多小孔的圆板，管板一次侧的压力是一回路(反应堆)的工作压力，二次侧的压力是二回路(SG)的工作压力，二回路工作压力处于饱和曲线上。由于受机械强度和应力的限制，管板两侧压差不能太大。

第六，RRA 的运行参数限制线。

根据 RRA 运行条件绘制，分为 RRA 投运压力线、最高温度线和最低温度线，即 *P-T* 图中部的两条垂直线和下部的一条水平线，其意义是，只有当一回路压力低于 2.9 MPa (大亚湾核电机构为 3.0 MPa)、T_{av} 低于 180 ℃时，RRA 才能投入运行，而当 T_{av} 低于 160 ℃ 时，RRA 必须投入运行。

RRA 投入运行的最高运行温度是 180 ℃，最高运行压力是 2.9 MPa(大亚湾核电机组为 3.0 MPa)，RRA 退出运行的最低温度为 160 ℃。

当 T_{av} 低于 160 ℃时，若一回路压力意外升高，可由 RRA 的两个安全阀进行保护(压力整定值为 3.9 MPa 和 4.4 MPa)，这样可以防止反应堆容器在温度较低时发生脆性断裂。

第七，主泵启动的最低压力限制线。

主泵启动前必须使 1 号轴封动、静环的端面分离，这要求轴封两侧压差必须大于 1.9 MPa。因此，规定主泵必须在一回路压力达到 2.3 MPa 以后才能运行(大亚湾核电机组为 2.4 MPa)。即 *P-T* 图下部的一条水平线，其意义是，当一回路工作压力大于 2.3 MPa 时，主泵才能启动。

第八，主泵启动温度线。

为避免因启动第一台主泵而造成一回路系统超压而设置。即 *P-T* 图左侧下部的一条垂直线。其意义是，当 T_{av} 达到或超过 70 ℃时，至少有一台主泵已启动。

主泵启动前，泵腔内的冷水进入 SG 被加热，由于稳压器处于满水状态，很可能使冷却剂体积膨胀造成一回路超压。

第九，硼结晶温度限制线。

低温时，为防止一回路水中的硼酸结晶析出而设置。即 *P-T* 图左侧下部的一条垂直线。其意义是核电站载料运行情况下，T_{av} 不能低于 10 ℃。

第十，RRA 冷却正常停堆模式压力低限线(大亚湾核电机组)。

为了防止控制棒驱动机构卡涩，要求该模式下一回路工作压力高于 0.5 MPa。此限制线针对大亚湾核电机组运行模式设置。

10.1.3　压水堆运行模式的定义

由表 10.1 可以看出，除岭澳核电机组将运行模式划分为 9 个区域外，其他 3 种核电机组及技术均划分为 6 个区域。九区运行模式的划分与特征如表 10.2 所示。

表 10.2　九区运行模式的特征

运行模式	次临界度(pcm)	堆功率/%	T_{av} 范围/℃	T_{av} 控制方式	蒸汽排放	P_1 范围/MPa	P_1 控制方式	PZR 状态	主泵投运数量
换料停堆	≥5000	0	10.0~60.0	RRA&PTR	无	0.1	无	满水	0
维修停堆	≥5000	0	10.0~70.0	RRA&PTR	无	0.1	无	满水	0
正常冷停堆	≥1000	0	10.0~90.0	RRA	无	≤2.9	RCV	满水	T_{av}≥70 时，≥1

表10.2(续)

运行模式	次临界度(pcm)	堆功率/%	T_{av}范围/℃	T_{av}控制方式	蒸汽排放	P_1范围/MPa	P_1控制方式	PZR状态	主泵投运数量
单相中间停堆	≥1000	0	90.0~180.0	RRA	无	2.3~2.9	RCV	满水	≥1
两相中间停堆	≥1000	0	120.0~180.0	RRA/GCT	大气	2.3~2.9	PZR	汽液两相	≥1
正常中间停堆	≥1000	0	160.0~291.4	GCT&ASG	大气	2.9~15.4	PZR	汽液两相	≥2
热停堆	自动控制	0	≈291.4	GCT&ASG	大气	15.4	PZR	汽液两相	≥2
热备用	≈0	≤2	≈291.4	GCT&ASG	CEX	15.4	PZR	汽液两相	全部(3)
功率运行	≈0	2~100	291.4~310.0	ARE	CEX	15.4	PZR	汽液两相	全部(3)

10.1.3.1 九区运行模式①

(1)换料停堆模式(模式 1)

由于需要更换反应堆燃料而进行的正常停堆状态。压水堆核电站一般 18 个月换料一次，两次换料操作的时间间隔称为一个燃料循环，每次换料更换燃料组件总数的三分之一。秦山一期核电机组共 121 组燃料组件，岭澳核电机组、大亚湾核电机组及三代技术(AP1000)均为 157 组燃料组件，根据其富集度采取三区布置。

换料过程在反应堆厂房(核岛)内反应堆水池中进行。将反应堆压力容器顶盖打开，并通过厂房内吊装设备移动到相应位置，同时上部堆内构件也要移动到指定位置，反应堆水池中充满一定质量分数的硼水，起到屏蔽放射性的作用。

反应堆处于次临界状态：为保持这个状态，次临界度一般要求在 5000 pcm 以上；一回路冷却剂平均温度一般维持在 60 ℃以下；一回路压力一般维持在 0.1 MPa 左右；一回路冷却剂的硼酸质量分数要求保持在一定数值之上，大小在 2000 μg/g 到 2600 μg/g 之间不等，因核电站而异，岭澳核电机组为 2100 μg/g。

另外，换料停堆模式下，反应堆功率为 0，稳压器处于满水状态，一回路冷却剂泵停止运行，此时堆芯的冷却由 RRA 及反应堆水池和乏燃料水池冷却和处理系统(PTR)完成。

(2)维修冷停堆模式(模式 2)

由于开展维修任务而进行的冷停堆状态。维修冷停堆模式下，一回路冷却剂的平均

① 见附录 2 课程思政内涵释义表第 2 项。

温度比换料停堆模式稍高一些，其他参数及核电站控制方式无太大差别，比如大亚湾核电站，维修冷停堆模式下，T_{av}要求维持在10~70 ℃。

(3)正常冷停堆模式(模式3)

正常冷停堆模式与模式1和模式2相比，相同点是都属于冷停堆状态(温度和压力比较低)，主要区别是反应堆压力容器是封闭的。

反应堆处于次临界状态：次临界度一般在1000 pcm以上，以G模式为例，此时要求停堆棒组(S棒)及温度调节棒组(R棒)抽出堆芯，功率调节棒组(G棒)在5步位置。

T_{av}一般维持在10~90 ℃，一回路压力P_1一般维持在2.9 MPa以下。根据P-T图限制曲线7，8的意义，当T_{av}达到70 ℃以上时，需要保证至少一台冷却剂泵处于投运状态，并且要求2.3 MPa≤P_1≤2.9 MPa。

反应堆功率为0，稳压器处于满水状态：T_{av}由RRA控制；一回路压力由RCV控制。

(4)单相中间停堆模式(模式4)

一回路冷却剂系统及一回路主要设备内的工质均处于单相状态的一种过渡停堆模式。此模式与模式3相比，参数水平及系统状态基本一致，主要区别有以下两点：第一，T_{av}升高，要求控制在90~180 ℃；第二，已经有至少一台主泵投运，因此需要将P_1控制在2.3~2.9 MPa。

(5)两相中间停堆模式(RRA可用)(模式5)

稳压器(PZR)处于汽液两相状态的一种过渡停堆模式。

反应堆处于次临界状态，次临界度大于1000 pcm，S棒和R棒在堆顶，G棒在5步位置；T_{av}控制在120~180 ℃；至少1台主泵投运；P_1控制在2.3~2.9 MPa；反应堆功率为0。

RRA投运时，T_{av}由RRA控制；RRA被隔离后，T_{av}由旁路排放系统(GCT)控制；P_1由PZR控制；SG投入运行，其水位由ASG控制，产生的多余水蒸气由GCT送往大气。

模式5可以认为是连接模式4和模式6的一种过渡状态，由P-T图可以看出，模式5有两个重要的运行节点：

第一，启动时，当T_{av}达到120 ℃以上，稳压器应该进行建立汽腔的操作。主要是通过稳压器的电加热器加热稳压器内的水，使其达到饱和并产生水蒸气。也就是说，模式5有些阶段处于单相状态，因此模式5与模式4有一段重叠区域。当T_{av}达到160 ℃以上，应对RRA进行隔离操作。

第二，停闭时，当T_{av}降到180 ℃以下、P_1降到2.9 MPa以下，RRA应进行投运操作；RRA投运后应进行稳压器灭气腔操作。

(6)正常中间停堆模式(模式6)

一回路冷却剂温度压力大幅变化的一种过渡停堆模式。

反应堆处于次临界状态，次临界度大于1000 pcm，S棒和R棒在堆顶，G棒在5步位置；T_{av}控制在160~291.4 ℃，160 ℃是RRA隔离的最低温度，291.4 ℃是模式7的运行温度；至少两台主泵投运；SG 处于投运状态；PZR 处于汽液两相状态；P_1控制为 2.9~15.4 MPa；反应堆功率为 0。

此时，RRA 已被隔离，T_{av}由 GCT 控制；P_1由 PZR 控制；SG 水位由 ASG 控制，SG 产生的多余蒸汽由 GCT 排向大气；如果只有 1 台主泵运行，24 h 后次临界度应大于 3200 pcm，否则转入模式 5。

(7) 热停堆模式(模式 7)

热停堆是与冷停堆相对应的一种正常停堆状态，其与模式 3 的主要区别是 T_{av}与 P_1较高，模式 4 到模式 6 均可以看作从模式 3 到模式 7 的过渡状态。

反应堆处于次临界状态，但次临界度随一回路冷却剂硼浓度(BC)的变化而改变。S 棒在堆顶，G 棒在 5 步位置，但 R 棒调整到 5 步位置。

如果只有 1 台主泵运行，24 h 后次临界度应大于 3200 pcm，否则应转入模式 3；如果 3 台主泵都不可用，则应立即使停堆裕度至少达到 3200 pcm，或者使反应堆达到模式 3。

T_{av}维持在 291.4 ℃，由 GCT 控制；P_1维持在 15.4 MPa，由 PZR 控制；SG 水位由 ASG 控制，蒸汽由 GCT 排向大气。

(8) 热备用模式(模式 8)

热备用模式是带功率的一种临界停堆状态。反应堆处于临界状态，次临界度维持在 0 附近；除 S 棒仍在堆顶，R 棒和 G 棒都处于理论设计位置；反应堆功率处于 2%水平之下，主泵全部投运。T_{av}维持在 291.4 ℃，由 GCT 控制；P_1维持在 15.4 MPa，由 PZR 控制；SG 水位由 ASG 控制，蒸汽由 GCT 控制，排向冷凝器，若冷凝器不可用，则排往大气。

(9) 功率运行模式(模式 9)

反应堆功率大于 2%时称为功率运行模式。反应堆功率在 2%~100%，G 棒和 R 棒的位置随功率及 T_{av}变化而改变；主泵全部投运。T_{av}维持在 291.4~310 ℃，由 GCT 控制；P_1维持在 15.4 MPa，由 PZR 控制；SG 水位由 ARE 控制，蒸汽由 GCT 控制排向冷凝器。

10.1.3.2 六区运行模式[①]

(1) 大亚湾核电机组运行模式

模式 1：反应堆完全卸料模式。指反应堆厂房内没有任何燃料组件的状态。当核电站建设完成，各种设备仪表组装结束后，反应堆所处的状态。可以认为是反应堆初次启动的初始状态。核电站在役运行期间不再出现此模式。

模式 2：换料停堆模式。与九区运行模式中的模式 1 基本相同。T_{av}维持在 10~60 ℃；P_1维持在大气压。

模式 3：维修停堆模式。大亚湾核电机组对此模式的定义比较详细。属于冷停堆状态，即温度压力很低。分为一回路充分打开、一回路微开、一回路封闭 3 种状态。封闭

① 见附录 2 课程思政内涵释义表第 2 项。

时一回路工作压力在 0.5 MPa 以下，其余两种状态工作压力维持在大气压。

充分打开状态和换料停堆状态基本类似，区别在于开展的是换料操作还是维修工作；封闭状态和正常冷停堆状态类似，区别在于维修时一回路卸压且温度较低；微开是一种特殊情况，一回路部分设备及管道冷却剂排空，进行维修操作。

模式 4：RRA 冷却正常停堆模式。将依靠 RRA 维持 T_{av} 且一回路封闭的情况划分为此模式。相当于九区模式中的模式 3 到模式 5。核电站参数水平及系统状态根据图 10.1 的要求进行限制。T_{av} 维持在 10~180 ℃；P_1 维持在 0.5~3.0 MPa。

模式 5：SG 冷却正常停堆模式。将依靠 SG 维持 T_{av} 的情况划分为此模式。相当于九区模式中的模式 6 到模式 8。核电站参数水平及系统状态根据图 10.1 的要求进行限制。T_{av} 维持在 160~291.4(+3，-2) ℃；P_1 维持在 2.4~15.5 MPa。

模式 6：反应堆功率运行模式。与九区运行模式中的模式 6 基本相同。区别在于参数水平与岭澳核电机组略有差别。核电站参数水平及系统状态根据图 10.1 的要求进行限制。T_{av} 维持在 291.4(+3，-2)~310 ℃；P_1 维持在 15.5±0.1 MPa 左右。

(2)秦山一期核电机组运行模式

模式 1：换料停堆模式。

与九区运行模式中的模式 1 基本相同。次临界度大于 2000 pcm；P_1 维持在 0.1 MPa；T_{av} 维持在 10~50 ℃。

模式 2：冷停堆模式。

与九区运行模式中的模式 3 基本相同。次临界度大于 2000 pcm；P_1 维持在 2.94±0.2 MPa；T_{av} 维持在 93 ℃以下。

模式 3：中间停堆模式。

相当于九区模式中的模式 4 到模式 6。根据 RRA 运行状态，分为两个阶段；投运时，P_1 维持在(2.94±0.2) MPa，T_{av} 维持在 93~180 ℃，次临界度大于 2000 pcm；隔离后，P_1 维持在 2.94~15.2 MPa，T_{av} 维持在 180~280 ℃；次临界度大于 2000 pcm。

模式 4：热停堆模式。

与九区运行模式中的模式 7 基本相同。次临界度大于 2000 pcm；P_1 维持在 15.2 MPa；T_{av} 维持在 280±2 ℃左右。

模式 5：热态零功率模式。

与九区运行模式中的模式 8 基本相同。反应堆功率水平在 2%以下，P_1 维持在 15.2 MPa；T_{av} 维持在(280±2) ℃左右。

模式 6：功率运行模式。

与九区运行模式中的模式 9 基本相同。P_1 维持在 15.2 MPa；T_{av} 维持在 280~302 ℃。

(3)三代核电技术(AP1000)运行模式

模式 1：换料停堆模式。

与九区运行模式中模式 1 基本相同。P_1 维持在大气压；T_{av} 维持在 71 ℃以下。

模式 2：冷停堆模式。

将依靠 RNS 维持一回路平均温度且一回路封闭的情况划分为此模式。相当于九区模式中的模式 3 到模式 5。P_1维持在 2.8 MPa 以下；T_{av}维持在 93℃以下。

模式 3：安全停堆模式。

相当于九区模式中的模式 6 到模式 7。P_1维持在 2.8~6.6MPa，T_{av}维持在 93~215 ℃，4 台主泵投运。

模式 4：热备用模式。

与前面三种类型机组不同，三代技术的热备用模式，是在安全停堆模式的基础上，将 P_1由 6.6 MPa 升高到 15.4 MPa。此时 SG 产生的蒸汽通过 TEB 排向冷凝器，以维持 T_{av}大于 215.6 ℃，但不超过 291 ℃。

模式 5：启动模式。

在模式 4 的基础上，将反应堆功率 5%以下状态都划分到此模式下，相当于九区模式中的低功率状态。此时 P_1维持在 15.4 MPa；T_{av}维持在 291 ℃。

模式 6：功率运行模式。

在启动模式的基础上，将反应堆功率水平 5%~100%状态定义为功率运行模式。此时 P_1维持在 15.4 MPa；T_{av}维持在 291~300 ℃。

10.2 压水堆的启动与停闭

压水堆的启动可以分为初次启动和正常启动两种方式①。

初次启动是指在核电站建设、组装完成，反应堆刚刚装载完核燃料后的启动，也可以认为是调试启动。这种启动方式，在核电站在役运行阶段只出现一次。

正常启动又分为冷态启动和热态启动两种。冷态启动指核电站经历长时间停闭后进行的启动操作，此时，一回路的温度和压力较低(比如核电站处于换料停堆、维修停堆、正常冷停堆等模式)；热态启动指核电站经历很短时间的停闭后进行的启动操作，此时，一回路的温度和压力等于或略低于额定运行温度和压力(比如核电站处于热停堆、热备用等模式)。

压水堆的停闭可以分为正常停闭(停堆)和事故停闭(停堆)两种方式②。

正常停闭按停闭的工况或停闭时间的长短可分为热停闭(短期停闭)和冷停闭(长期停闭)两种方式。

事故停闭是指由于核电站发生事故，引起保护系统动作，造成的紧急停堆状态。事故停闭后，必须保证反应堆的继续冷却。

---

①② 见附录 2 课程思政内涵释义表第 25 项。

10.2.1 正常启动

不论是冷态启动还是热态启动，都需要从初始状态开始，这个状态也叫作初态。启动操作就是将核电站从低运行模式过渡到高运行模式，初态可以认为是起始运行模式的起始状态，极限的操作是将核电站从换料停堆模式过渡到功率运行(100% Pn)模式，任何冷态启动和热态启动方式都包含在极限操作过程中。在实际运行过程中，每一步操作都需要按照相应的运行操作规程进行。

压水堆核电站的极限启动方式主要分为三个阶段，即从换料停堆到正常冷停堆、从正常冷停堆到热备用、从热备用到功率运行(100% Pn)。下面以大亚湾核电站为例，对这三个阶段的具体操作步骤进行详细的介绍。

10.2.1.1 从换料停堆到正常冷停堆

首先需要确认核电站的运行参数以及系统状态处于换料停堆模式状态。例如，换料完成，乏燃料置于乏燃料储存池，所有设备与仪表已安装。反应堆处于次临界，次临界度不小于5000 pcm，硼酸质量分数约为2400 μg/g，所有控制棒组件处在位置，T_{av}为10~60 ℃。另外，控制和保护系统、一回路主要辅助系统、二回路系统、供电系统等也需符合相关要求。

换料停堆、维修停堆与正常冷停堆的区别在10.1节已经做过介绍，此阶段的主要任务就是将反应堆压力容器顶盖和压力容器法兰通过螺栓进行连接，一回路封闭完成，排出一回路多余的空气，使核电站处于正常冷停堆状态。

此时通过RCV对一回路进行充水，由于补充水的硼的质量分数较低，因此相当于对一回路硼进行稀释，但要保证次临界度不小于1000 pcm，秦山一期核电机组不小于2000 pcm，岭澳核电机组与三代技术(AP1000)不小于1000 pcm，同时一回路多余气体可以通过稳压器排出。

10.2.1.2 从正常冷停堆到热备用

如果启动操作是从正常冷停堆模式开始，则需要先对初态进行确认，然后按规程进行操作。目前压水堆核电站运行模拟机大都以正常冷停堆模式为最低运行模式，启动操作都是从此模式开始，停闭操作都是到此模式为止。下面分步骤对启动过程进行介绍。

步骤1：主泵与稳压器投运①。

由图10.1和表10.2对运行模式的划分与定义，此时T_{av}由RRA控制，通过调整进出热交换器的流量，将T_{av}调整到50~70 ℃。当T_{av}大于70 ℃以后，启动冷却剂泵并将稳压器(PZR)的电加热器投入运行，继续使一回路冷却剂系统(RCP)升温。

同时，一回路工作压力(P_1)由RCV控制，通过调节上充流量，使P_1维持在2.3~2.9 MPa，以保证冷却剂泵可以正常启动，一般情况下为2.5~2.7 MPa。

---

① 该部分理论知识对应11.1.1实践实例。

另外，维持 SG 水位在零负荷时的整定值，一般情况下为 34%。

当 T_{av} 升高到 90 ℃时，随时监测和调节一回路水质。主要操作是向一回路添加氢氧化锂(LiOH)以控制 pH 值，添加联氨(N_2H_4)以除氧，通过 REA 的化学药剂添加箱送入 RCV，再由 RCV 上充流量送入一回路。当一回路水质经取样系统检查合格后，将 RCV 的净化管线投入运行。

当 T_{av} 升高到 120 ℃时，为防止联氨(N_2H_4)高温分解，不再调节水质。手动控制 RCV 的容积控制箱上游的控制阀和补水控制阀，通入氢气替换部分氮气，在容积控制箱内顶部建立一定的氢气空间，使一回路冷却剂中达到一定的溶解氢浓度。之后将容积控制箱水位控制阀转为自动控制。

T_{av} 变化速率由 RRA 控制，三台主泵陆续投入运行，使硼酸质量分数与控制棒位置处于设定状态。

步骤 2：稳压器建汽腔①

第一步完成后，一回路的热量主要来源于稳压器的电加热器的功率以及冷却剂泵运转时产生的热量。升温时，应注意控制升温速率，稳压器内水的温度比 T_{av} 高 50～110 ℃，稳压器的升温速率最大为 56 ℃/h，T_{av} 提升速率最大为 28 ℃/h。

此时一回路工作压力为 2.5～2.7 MPa，当稳压器内水的温度升高到当前压力下对应的饱和蒸汽温度(221～232 ℃)时，需要进行稳压器建汽腔操作。主要方式是通过减小 RCV 的上充水流量，维持 RCV 的下泄水流量。

一方面，稳压器内温度上升，使水体积膨胀，通过减小上充流量维持一回路水体积并维持一回路工作压力，当温度高于饱和蒸汽温度时，稳压器内便有蒸气产生。

另一方面，下泄流量高于上充流量，使得 RCV 内水体积增大，多出的水积聚在容积控制箱中，最后容积控制箱内多余的水被排放到 TEP 中。

判断稳压器形成汽腔的征兆是下泄流量突然增加，且下泄流量与上充流量不匹配；一回路工作压力不变；稳压器的水位指示显示水位下降。

稳压器建立汽腔后，汽空间逐渐增大，水位逐渐降低，当稳压器水位达到零负荷对应的水位整定值时，一般情况下为 17.6%，将上充流量调节阀置于自动方式，稳压器从调节状态转变为运行状态，即一回路的工作压力从 RCV 控制转换为 PZR 控制，通过调节稳压器喷淋流量与电加热器功率来完成。

步骤 3：RRA 隔离②

当 T_{av} 升高到 160 ℃以上时，可以进行 RRA 的隔离操作；在 T_{av} 升高到 180 ℃之前，必须完成隔离操作。此时 SG 处于投运状态，其产生的蒸汽通过 GCT 送往大气，蒸发器水位一般为 34%，稳压器水位一般为 17.6%。

---

① 该部分理论知识对应 11.1.1 实践实例。

② 该部分理论知识对应 11.1.2 实践实例。

T_{av}由 GCT 控制，将 GCT 大气排放控制器置于“自动”，调整大气排放阀设定值为当前 SG 工作压力值，以保持 T_{av}稳定在 160～180 ℃。P_1由 PZR 控制，维持在 2.5～2.7 MPa。

首先断开 RRA 与 RCV 之间的连接，隔离 RCV 的低压下泄管线，通过关闭管线上的隔离阀实现；然后将 RCV 下泄阀整定值调整到 1.5 MPa 左右，控制通过下泄孔板的下泄流量；最后通过关闭 RRA 的进、出口阀门，断开 RRA 与 RCP 之间的连接。

在一回路温度到达 180 ℃前，投入控制棒驱动机构通风系统并抽出停堆棒。

对于岭澳核电机组，此步结束意味着核电站由两相中间停堆模式过渡到正常中间停堆模式。对于大亚湾核电机组，此步结束意味着核电站由 RRA 冷却正常停堆模式过渡到 SG 冷却正常停堆模式。对于三代技术(AP1000)，此步结束意味着核电站由冷停堆模式过渡到安全停堆模式。

步骤 4：联合加热至热停堆①

反应堆想要达到临界需要满足一些条件，比如慢化剂温度系数是负数，稳压器已建汽腔，水位控制已投运，RCV 至少有 2 台上充泵、2 台硼酸泵投运，至少有 1 条反应堆供硼管道投运等。另外需要估算临界硼浓度值以及升温升压。

压水堆核电站的升温升压方式是依靠稳压器的电加热器和冷却剂泵转动时产生的热量，使一回路冷却剂系统的压力和温度达到零功率的额定值，这种方式称为联合加热法。

联合加热过程中核电站要运行在 *P-T* 图规定区域内。

升温升压同时进行，原则是先升压后升温、多升压慢升温，以防止由于温度高于当前压力的饱和温度而产生水蒸气，T_{av}上升的速率一般不超过 28 ℃/h，3 个环路之间的温差不超过 15 ℃。

升温升压初期，为避免安全注射箱排水，应关闭安全注射箱与一回路冷段之间的电动隔离阀；当 P_1升至 7.0 MPa 时打开隔离阀，使安全注射箱处于备用状态。

P_1由稳压器控制，稳压器水位通过调节 RCV 的下泄流量进行控制，热停堆工况时，上充流量等于下泄流量。当 P_1升至 8.5 MPa 时，关闭一个下泄孔板，达到热停堆工况前关闭另一个下泄孔板。升温升压末期，为防止下泄孔板下游温度过高，投入 RCV 过剩下泄管线中的热交换器。当 P_1升至 13.8 MPa 时，MHSI 的所有设备和阀门切换至备用状态，关闭和 HHSI 与 LHSI 相连接的外系统管路和阀门。

T_{av}由 GCT 控制，将 GCT 送往大气的排放阀整定值设置为零负荷下 SG 的工作压力值，一般约为 7.4 MPa。同时根据取样分析，决定 SG 是否排污，排污会影响 RCP 的升温速率。

当 P_1达到(15.52±0.1) MPa、T_{av}达到 291.4 ℃时，断开稳压器可调加热器电源，稳压器的压力控制由手动转为自动控制，VVP 与 GSS 进行暖管操作，打开系统内相关阀

① 该部分理论知识对应 11.1.3 实践实例。

门，暖管完成后打开主蒸汽隔离阀；SG 水位由 ASG 控制；S 棒组抽出，G 棒组与 R 棒组位于 5 步位置。反应堆达到热停堆工况。

步骤 5：反应堆临界①

反应堆临界操作需要按照操作规程执行，和初次临界试验操作大致相同。

此时，反应堆仍处于次临界状态，为达到临界，需要先对 RCP 的硼浓度进行稀释，将硼浓度稀释到规定数值。首先由 REA 将除盐除氧水送入 RCV 的容积控制箱，再经上充泵注入 RCP。稀释硼酸质量分数时，要控制稀释速率，防止反应性扰动过大。保持稳压器的最大喷淋，防止 PZR 与 RCP 的硼酸质量分数差值过大，尽量控制在小于 50 μg/g。硼浓度值需要通过对冷却剂进行取样分析获得，取样应在稀释操作完成并且冷却剂充分混匀后进行，取样时间一般情况下不少于 10 min。

之后，选择临界运行方案。不同的控制模式采用不同操作策略，目前控制模式主要分 A 模式与 G 模式两种。

对于 A 模式，调节棒组分为 4 组（A，B，C，D），相邻两组之间有一定重叠步数，目的是使控制棒组在堆内移动时，反应性的引入率近似为常数。预期当 A，B 组位于堆顶，C 组接近堆顶、D 组提升到调节带下限时，反应堆达到临界。对于 G 模式，功率调节棒组分 4 组（G_1，G_2，N_1，N_2），还设有一组温度调节棒组（R），4 组功率调节棒组也有一定重叠步数。预期当 R 棒组提升至调节带中部，功率调节棒组位于相应位置时，反应堆达到临界。

为防止由于堆芯温度过高、发生控制棒驱动机构的误动作、运行人员的误操作等事件造成重大事故，一般情况下，要求控制棒组每提升 50 步或中子仪表计数率增加 1 倍时，停止提棒操作，待反应性变化稍微稳定后再继续操作。另外，任何情况下，中子通量的倍增周期不能小于 18 s。

源量程测量通道中子通量水平达到中间量程测量通道的最小探测阈值时，手动闭锁“源量程通量过高”保护信号，以防止由于堆芯功率升高，触发紧急停堆信号。当控制棒组不移动，还能存在一个正的稳定的倍增周期时，反应堆处于超临界状态，此时将控制棒组回插几步，达到临界状态。

T_{av} 由 GCT 控制，尽可能保持为常数，避免任何能引起突然冷却的操作；P_1 由 PZR 控制，SG 水位由 ASG 控制，稳压器水位由 RCV 控制。

步骤 6：过渡至热备用②。

反应堆处于临界状态，S 棒组位于堆顶，G 棒组和 R 棒组置于手动控制。反应堆功率小于 2% Pn，中子通量由中间量程测量通道监测。

T_{av} 由 GCT 控制，维持在 291.4（+3，−2）℃。关闭 GCT 的大气排放阀，开启 GCT 连

① 该部分理论知识对应 11.1.4 实践实例。

② 该部分理论知识对应 11.1.5 实践实例。

接冷凝器系统的阀门，将阀门整定值调整为当前 SG 的工作压力值。

P_1 由 PZR 控制，维持在(15.5±0.1) MPa，PZR 压力控制处于自动调节状态，由电加热器和喷淋完成，PZR 水位控制处于自动调节状态，由 RCV 上充流量调节。压水堆核电站由冷停堆模式到热备用模式的启动过程如图 10.3 所示。

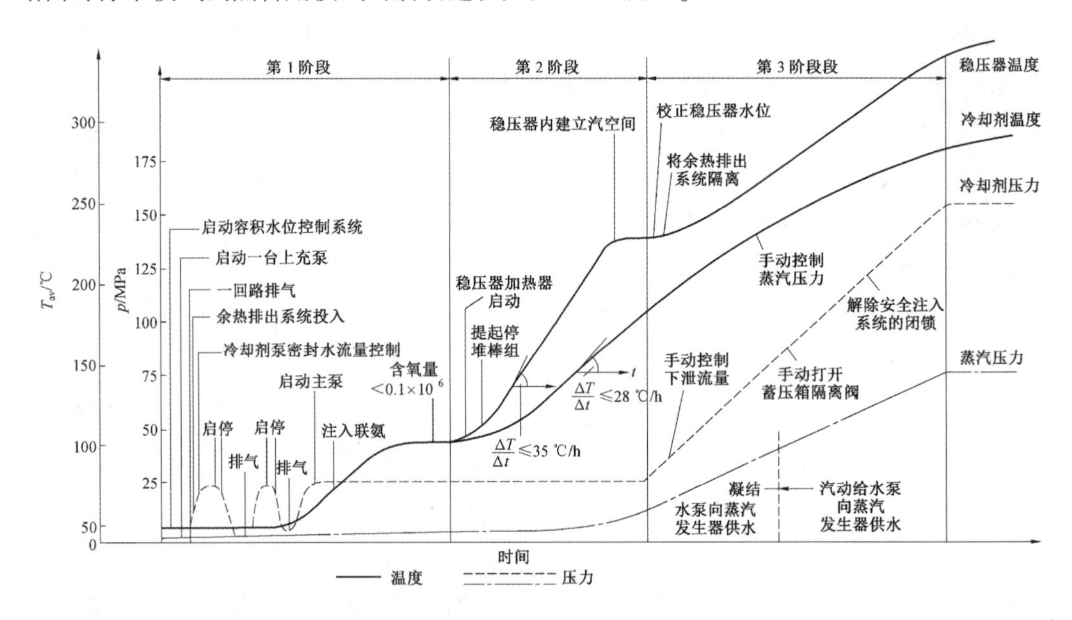

图 10.3　压水堆核电站由冷停堆模式到热备用模式的启动过程

10.2.1.3　从热备用到功率运行

包括二回路启动与并网、升负荷至满功率运行两个阶段。第一阶段包括主蒸汽管道暖管、汽轮机盘车(低速暖机)、汽轮机升速、升功率至 10% Pn 和汽轮发电机组并网等过程；第二阶段包括升功率至 15% Pn 和升负荷至 100% FP 等过程。

步骤 7：二回路启动与并网①。

第一，主蒸汽管道暖管。

暖管是指少量的低压、低温的蒸汽通过管道使其逐渐升温的一种操作过程，暖管过程中产生的凝结水从管道低位点排出，暖管的蒸汽来自 SG。

将 VVP 隔离阀的旁路阀打开，并开启 ABP、ADG、AHP 的抽气隔离阀。

主蒸汽管道投用前管道温度处于常温状态，管道长、形状复杂、管子与其附件间的厚度差别大。若此时将大量的高温高压蒸汽通入管内，就会在管道和附件上产生很大的热应力，这时若膨胀又受到阻力的话将造成管道破坏。蒸汽进入冷管道时，还会产生凝结水，如果凝结水不能及时排出，将会造成强烈的水击现象而使管道落架或者损坏。因此，主蒸汽管道投运前应对其进行暖管。

第二，汽轮机盘车或低速暖机。

① 该部分理论知识对应 11.1.6 实践实例。

冷态启动末段，汽轮机在同步并网前，要进行盘车或低速暖机。对于未完全冷却的汽轮机，特别是对没有盘车装置的汽轮机，启动时必须低速暖机。其目的是使机组各部件受热均匀膨胀，以避免汽轮机等各部件发生变形和松动，防止轴弯曲变形造成汽轮机动静部分摩擦。暖机速度一般为 8 r/min。

汽轮机盘车前，要求 GTH 投运，且油温高于 35 ℃；蒸汽联箱已加温；汽机疏水可用；凝汽器处于真空；汽机入口蒸汽符合规定特性。准备工作完成后按下盘车按钮，盘车速度一般为 37 r/min。

第三，汽轮机升速。

汽轮机的转速主要有两种，1500 r/min（半转速）和 3000 r/min（全转速）。根据低压转子温度选择升速速率，一般情况下，当温度低于 65 ℃，速率为 25 r/min；当温度高于 65 ℃时，速率为 250 r/min；当汽轮机升速至 1475 r/min 或 2975 r/min 时，停用速度跟踪系统，并过渡到正常调速。

升速时，同样根据低压转子的温度，通过 GSS 向低压缸通入适当温度的蒸汽进行加温，以限制转子的热应力。

第四，升功率至 10% Pn。

热备用模式下，Pn 小于 2%，汽轮机启动过程中，通过提升控制棒组件将反应堆功率升高到 10% Pn。T_{av} 由 GCT 控制，产生的蒸汽通过 GCT 送往 CEX。

将 G 棒置于手动，缓慢提升 G 棒组升堆功率，当堆功率接近 10% Pn 时，闭锁“中间量程通量过高”和“低功率量程通量过高”保护信号，当 T_{av} 调整到当前状态整定值时，将 G 棒和 R 棒组置于自动状态。

第五，汽轮发电机组并网。

汽轮发电机组通过手动或自动控制实现并网的瞬间周波和电压应相等。

当汽轮机停用速度跟踪系统后，手动合上发电机励磁控制开关，并将发电机电压手动调整到 26 kV；当汽轮机转速达到额定转速时，手动合上负荷开关，并网成功。并网后，调整厂用电供电方式，从外电源供电切换到汽轮发电机组供电。堆功率随汽机负荷一同上升。

步骤 8：升负荷至满功率运行①。

第一，升功率至 15% Pn。

通过自动控制系统，缓慢提升汽轮机负荷，以遵守 T_{av} 与整定值间的最小偏差原则，保持核功率和汽机负荷的平衡状态，保证通向凝汽器的蒸汽排放阀全部关闭，直至 15% Pn。核功率的增长速率不超过 5% Pn/min（反应堆功率）和 30 MW/min（汽轮机负荷）。

当汽轮机功率负荷升至 15%左右时，将 GCT 控制模式从压力控制模式切换到平均温度控制模式；SG 水位切换到 ARE 控制，ASG 隔离后，其流量控制阀处于全开状态；反应

① 该部分理论知识对应 11.1.7 实践实例。

堆由手动控制切换到自动控制。

第二，升负荷至 100% FP。

反应堆功率依靠功率调节系统自动控制，自动跟踪汽轮发电机组负荷。负荷逐步上升至 100% FP，堆功率随之达到 100% Pn。

从 0~30% Pn 的负荷提升速率由汽轮机低压转子温度确定，从 30%~100% Pn 的负荷提升速率控制在 15 MW/min 以下。

升负荷过程中，最重要的监测参数是轴向功率偏差 ΔI，要求运行在梯形图规定区域内。若 ΔI 偏左，可通过对 RCP 硼化使 R 棒上提，使 ΔI 恢复正常运行趋势，反之则对 RCP 稀释；若 R 棒有超出调节带上限的危险，可通过对 RCP 稀释使 R 棒下插；若 R 棒有超出调节带下限的危险，可通过对 RCP 硼化使 R 棒下插。

10.2.2 正常停闭

压水堆的停闭有热停堆和冷停堆两种方式。热停堆是指核电站保持热态零功率负荷时的运行温度和压力，二回路处于备用状态。冷停堆是指核电站保持在正常冷停堆以下标准运行工况时的运行温度和压力，反应堆处于次临界。

一般情况下，极限的操作是将核电站从功率运行模式过渡到正常冷停堆模式，热停堆可以认为是冷停堆过程中的一个中间稳定状态，核电站可以从热停堆模式运行到正常冷停堆模式，也可以直接运行到功率运行模式。因此，压水堆核电站的极限停闭方式可以分为两个阶段，即从功率运行到热停堆和从热停堆到正常冷停堆。

10.2.2.1 从功率运行到热停堆

首先需要对初态进行确认，确定参数水平和系统状态处于满功率运行水平，然后按规程进行操作。下面分步骤对停闭过程进行介绍。

步骤 A：降负荷至 30% FP①。

第一，初始状态确认。

确定反应堆功率与二回路负荷处于 100%FP 水平；功率调节系统处于自动控制方式，反应堆功率自动跟随二回路负荷改变而变化；G 控制模式下 R 棒组位于调节带内，A 控制模式下 D 棒组保持在调节带内，其余控制棒组位于堆顶。

反应堆处于临界状态，反应性在 0 pcm 左右，有效增殖因数(k_{eff})在 1 附近；GCT 处于 Tav 控制模式，T_{av}在 310 ℃附近；SG 水位由 ARE 控制，保持在 50%左右；稳压器水位由 RCV 控制，P_1维持在 15.5 MPa。

第二，降负荷。

设置负荷调节系统的目标值及降负荷速率，一般情况下，目标值设在 30% FP、降负荷速率小于 5% FP/min。设置完成后，二回路负荷按设定值自动降低，反应堆功率跟随

---

① 该部分理论知识对应 11.2.1 实践实例。

负荷变化一起下降。功率调节棒自动下插，保持轴向功率偏差 ΔI 在梯形图规定区域内，若出现偏移可参考步骤 8(见 10. 2. 1 节)中操作。

当负荷降低到 60% FP 左右时，GSS 连接 CEX 的管线阀门开启。

当负荷降低到 30% FP 左右时，由 1 台汽动给水泵维持 SG 水位。

步骤 B：汽轮机跳闸①。

设置负荷调节系统的目标值及降负荷速率。

当反应堆功率降低到 15% Pn 左右时，GCT 由 Tav 控制模式切换到压力控制模式，SG 的水位由 ARE 控制切换到 ASG 控制。当反应堆功率降低到 10% Pn 左右时，功率调节棒与温度调节棒置于手动，GCT 连接 CEX 的管线阀门开启。当电功率降到 2%左右时，汽轮机停机、脱扣，高低压缸阀门关闭，切断电网开关。汽轮机降速，转速降至 37 r/min 时，汽轮机顶轴油与盘车系统投运。

步骤 C：降功率至热停堆②。

第一，热备用。

汽轮机脱扣后，反应堆功率不再跟随二回路负荷改变而变化，Pn 取决于硼浓度的大小以及功率调节棒的位置。

G 控制模式下，通过插入 G 棒，使 Pn 逐渐降低到 2% Pn 以下。

SG 的水位由 ARE 控制切换到 ASG 控制，保持在零负荷的整定值上。

第二，热停堆。

核电站运行到热备用模式后，继续通过插棒运行到热停堆模式。核电站热停堆时，二回路负荷为零，所有调节棒组完全插入堆芯，停堆棒组可以插入或抽出，抽出时，必须保证 RCP 维持在最小停堆深度的硼浓度，反应堆处于次临界。

如果反应堆热停闭超过 11 h，堆芯氙毒的变化超过碘坑，氙毒反应性减少，必须通过提高 BC 对 RCP 进行反应性补偿操作，以保证在热停闭期间 k_{eff} 始终小于 0. 99，防止堆芯重返临界。T_{av} 由 GCT 控制，P_1 由 PZR 控制，稳压器水位由 RCV 控制，维持在零负荷整定值。

10. 2. 2. 2　从热停堆到正常冷停堆

由于核电站的设计都是采用负温度系数，可以抵消部分引入的正反应性。通过对 RCP 硼化维持一定的次临界度，同时进行降温。

步骤 D：GCT 降温 PZR 降压③。

降低 RCV 容积控制箱的压力，关闭氢气供应管线，使一回路冷却剂中的氢气浓度降到 5 cm^3/kg 以下，并用氮气吹扫容积控制箱气空间，以消除由于辐照产生的氢气和裂变产生的放射性气体。

---

① 该部分理论知识对应 11. 2. 1 实践实例。

②③ 该部分理论知识对应 11. 2. 2 实践实例。

为确保反应堆具有足够的停堆深度，准确估算冷停堆时的硼的质量分数值以及所需增加的硼酸溶液体积。加硼操作时，REA 补水控制开关置于“硼化”位置；加硼操作完成后，将补水控制开关转向“自动补给”位置。

加硼过程中，要保证至少有一台主泵运行，并且维持稳压器的喷淋流量，以确保 PZR 与 RCP 的硼酸质量分数差值小于 50 μg/g。同时，监测源量程通道仪表计数率和 T_{av}，若出现异常，则立即中止硼化操作，查明原因并纠正后再继续进行。

降温降压过程中，核电站要运行在 P-T 图限制区域内，SG 水位控制在 34%左右，冷却速率不超过 28 ℃/h，稳压器的冷却速率不超过 56 ℃/h。

T_{av} 由 GCT 控制，蒸汽排往 CEX，若凝汽器真空度破坏不可用，则排往大气。P_1 由 PZR 控制，关闭稳压器的电加热器，通过调整喷淋流量控制降压速率。

当 P_1 降低到 13.8 MPa 时，闭锁安注信号，防止由于压力下降引起 RIS 动作，启动高压安注泵向堆芯紧急注入硼水；当 P_1 降低到 8.5 MPa 时，打开 RCV 第二个下泄孔板，以保证正常下泄流量；当 P_1 降到 6.9 MPa 时，安全注射箱应予隔离，手动关闭电动隔离阀。

当 T_{av} 降至 180 ℃以下，P_1 降至 3.0 MPa 以下时，准备启动 RRA。RRA 投入运行前须进行暖管。当 T_{av} 接近 180 ℃时，注入化学添加剂，提高 SG 水位至 100%并充入氮气，SG 进入湿保养状态。

步骤 E：RRA 投运①。

T_{av} 由 GCT 控制，维持在 160~180 ℃；P_1 继续由 PZR 控制，维持在 2.5~2.7 MPa；RCV 第三个下泄孔板打开。

关闭 RRA 的温度调节阀，打开 RRA 与 RCV 连接管线的隔离阀与流量控制阀，使 RRA 的压力接近 RCV 的压力。打开 RRA 与 RCP 连接管线的隔离阀与流量控制阀，使 RRA 的压力接近 RCP 的压力。

启动一台余热排出泵，逐渐加大 RRA 与 RCV 连接管线流量控制阀的开度，以达到需要的下泄流量；当 RRA 热交换器上游温度升高 60 ℃左右时，启动另一台余热排出泵，关闭第一台泵，切换操作循环进行。

通过调整 RRA 温度调节阀的开度，控制降温速率，此时 VVP 与 GCT 关闭。

步骤 F：PZR 灭汽腔②。

稳压器灭汽腔是压水堆核电站停闭过程中非常重要的一步操作，是一回路由两相状态过渡到单相状态的一个重要阶段。

降低 RCV 下泄流量，同时增大上充流量，由于上充流量大于下泄流量，使稳压器水位不断上升。由于 RCV 的工作温度大大低于 RCP 的工作温度，因此随着水位的上升，稳压器与稳压器波动管内水的温度下降。

---

① 该部分理论知识对应 11.2.3 实践实例。

② 该部分理论知识对应 11.2.4 实践实例。

当稳压器水位达到 100%水平时，完全打开 RRA 与 RCV 连接管线的流量控制阀，保持上充流量略高于下泄流量，逐渐实现稳压器灭汽腔。当 RCV 下泄流量突然增加，稳压器液相与波动管温度下降，表明稳压器已完成灭汽腔。

灭汽腔后关闭稳压器的电加热器，T_{av}由 RRA 控制，P_1由 RCV 控制。

步骤 G：RRA 冷却至冷停堆①。

由 RRA 降温至冷停堆模式。

降温过程中，对所有冷却剂泵连续供应设备冷却水，直至冷却剂泵停转超过 30 min。切断 RCV 上充流后，开启稳压器的辅助喷淋管线，当 PZR 与 RCP 的温度相近时，断开辅助喷淋管线，上充泵停转。RCP 的压力降至常压。

至此，核电站进入冷停堆模式。若需运行到换料停堆或维修停堆模式时，T_{av}应降到 60 ℃，BC 不小于 2000 μg/g。

10.3 压水堆运行注意问题

10.3.1 估算次临界度

压水堆在启动过程中，为避免盲目引入反应性，需正确估计反应堆的次临界度。

10.3.1.1 次临界公式

假设中子源和中子通量分布都是均匀的，S_0为中子源每代放出的中子数，k_{eff}为有效增殖因数。则

第 1 代末堆内中子数 N_1：

$$N_1=S_0+S_0k_{eff}=S_0(1+k_{eff}) \tag{10-1}$$

第 2 代末堆内中子数 N_2：

$$N_2=S_0+[S_0(1+k_{eff})]k_{eff}=S_0+(1+k_{eff}+k_{eff}^2) \tag{10-2}$$

第 m 代末堆内中子数 N：

$$N=S_0+(1+k_{eff}+k_{eff}^2+k_{eff}^3+\cdots+k_{eff}^m) \tag{10-3}$$

压水堆每秒内中子可以循环成千上万代，m 值相当大，而反应堆处于次临界，k_{eff}小于 1，因此式(10-3)可以近似写成次临界公式如下：

$$N=S_0/(1-k_{eff}) \tag{10-4}$$

10.3.1.2 外堆法

启动过程中，中子通量稳定值 Φ 与初始值 Φ_0的关系由式(10-4)可得

① 该部分理论知识对应 11.2.5 实践实例。

$$\Phi=\frac{\Phi_0}{1-k_{\text{eff}}}=\frac{\Phi_0}{\rho k_{\text{eff}}} \tag{10-5}$$

式中，k_{eff}为有效增殖因数，ρ 为反应性。

假设反应堆在临界操作的过程中，某时刻次临界深度为$-\Delta k_1$，稳定的中子通量与初始中子通量的比为 Φ_0/Φ_1。此时引入一个反应性 δ，新的次临界深度为$-\Delta k_2$，稳定的中子通量与初始中子通量的比为 Φ_0/Φ_2，利用外推法，就可以估算出要达到临界尚需引入的反应性 x。上述各数值的次临界度估算图如图 10.4 所示。

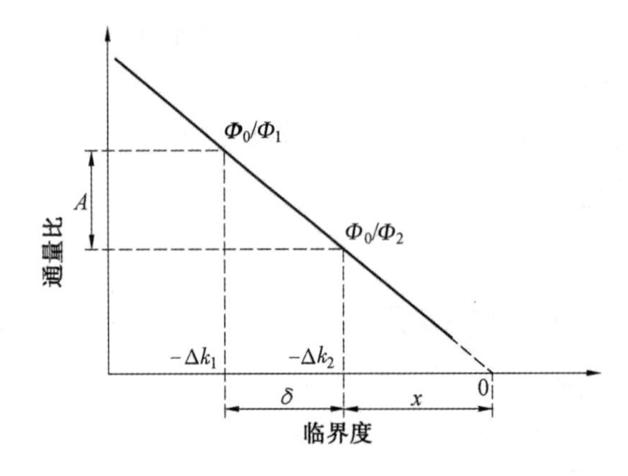

图 10.4　次临界度估算图

由图 10.4 可得

$$a:\delta=\frac{\Phi_0}{\Phi_2}:x \rightarrow a=\frac{\Phi_0}{\Phi_1}-\frac{\Phi_0}{\Phi_2}$$

解得

$$x=\delta\left(\frac{\frac{\Phi_0}{\Phi_2}}{a}\right)=\delta\left(\frac{\Phi_0/\Phi_2}{\Phi_0/\Phi_1-\Phi_0/\Phi_2}\right)=\delta\left(\frac{\Phi_1}{\Phi_2-\Phi_1}\right)=\delta\left(\frac{1}{n-1}\right) \tag{10-6}$$

其中，

$$n=\Phi_2/\Phi_1$$

实际情况下，中子通量达到稳定需要很长的时间，引入下一个反应性时，中子通量尚未稳定，因此，n 值要比实际值低，使得 x 值偏大。所有在实际操作中：

(1) 当 $k_{\text{eff}}<0.99$ 时，每次引入的反应性一般取 x 的三分之一；

(2) 当 $k_{\text{eff}}\geqslant 0.99$ 时，每次引入的反应性不能使倍增周期小于 18 s。

10.3.2　稳态运行方案选择

核电站实际运行过程中，运行参数一般都会偏离设计值。核电站为了排除内部和外部扰动的影响，使运行参数运行在规定的限值内，制定了稳态运行方案。

T_{av}恒定的运行方式：当堆芯功率水平变化时，保持一回路冷却剂平均温度不变，即

T_{av}不变。

P_s 恒定的运行方式：当堆芯功率水平变化时，二回路蒸汽压力保持不变，即 P_s 不变。

组合运行方案：包含低功率区 T_{av}不变高功率区 P_s 不变和低功率区 P_s 不变高功率区 T_{av}不变两种方案。早期的压水堆电站由于存在正的慢化剂温度系数，采用第一种方案可以增加零功率启动时的稳定性和安全性，使二回路侧的运行特性得到明显改善。如今压水堆核电站温度系数都是负的，因此第二种方案采用较多，这种运行方案对于反应堆控制、系统的容积和压力控制较为方便，而且可减少燃料元件的热冲击，提高驱动机构寿命等。参数随功率变化趋势如图 10.5 所示（纵坐标既标强度 t，也表示压力 p）。

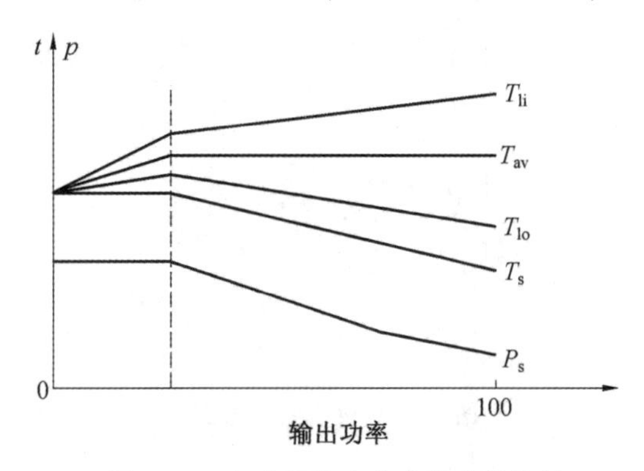

图 10.5　组合运行方案参数变化趋势

10.3.3　监测参量与梯形图

10.3.3.1　热点因子

为防止运行时燃料包壳烧毁或燃料芯块熔化，需要对堆芯最大线功率密度加以限制。堆芯功率分布的均匀程度可以用功率不均匀系数，即热点因子来表示。

热点因子又称“功率峰因子”，用堆芯最大线功率密度与堆芯平均线功率密度的比值来表示：

$$F_q^T=\frac{(q_l)_{\max}}{(q_l)_{av}}$$

式中，$(q_l)_{\max}$为堆芯最大线功率密度，$(q_l)_{av}$为堆芯平均线功率密度。

10.3.3.2　轴向功率偏移 AO

热点因子可算但不可测，因此为了避免出现热点，需要监测堆轴向功率分布并进行限制，可用轴向功率偏移 AO 来衡量。

$$AO=\frac{P_H-P_B}{P_H+P_B}\times 100\%$$

式中，P_H为堆芯上半部分功率，P_B为堆芯下半部分功率。

10.3.3.3　轴向功率偏差 ΔI

轴向功率偏移 AO 可以看作轴向中子通量或轴向功率分布的形状因子，但不能精确反映堆芯热应力的情况，因此，引入轴向功率偏差 ΔI 来表征堆内中子通量不对称情况。

$$\Delta I = P_H - P_B = AO \times (P_H + P_B)$$

10.3.3.4　包络线方程

热点因子 F_q^T 与轴向功率偏移 AO 之间可以建立一定的对应关系。经过大量的模拟试验研究和计算，将反应堆处在正常运行、运行瞬变和氙振荡工况时产生的 4 万个状态点做成轨迹图，可得到如图 10.6 所示的包络线示意图。

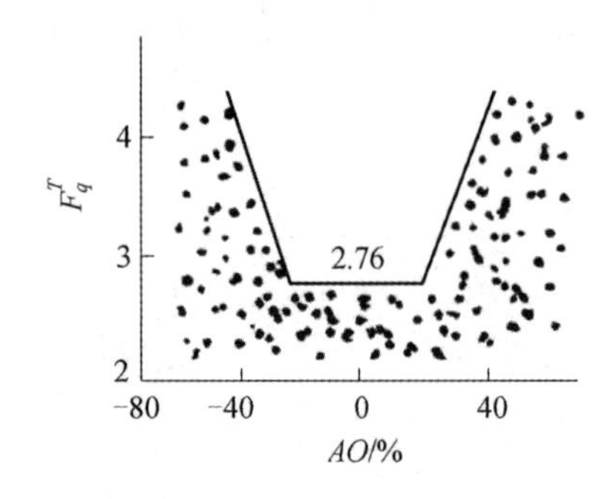

图 10.6　包络线示意图

其意义是，对于给定的 AO，当反应堆运行在Ⅰ类或Ⅱ类工况下时，堆芯功率不均匀系数(热点因子)不能超过包络线所给定的限值。若超越包络线，堆芯传热就有恶化危险，包络线方程组为式(10-7)。

$$\begin{aligned} &F_q^T = 2.76 && -18\% < AO < +14\% \\ &F_q^T = 0.0376\,|AO| + 2.08 && AO < -18\% \\ &F_q^T + 0.0376AO + 2.23 && AO > +14\% \end{aligned} \quad (10-7)$$

10.3.3.5　限制功率分布的有关准则

(1)防止堆芯熔化准则

该准则规定燃料芯块的运行温度不能超过 UO_2 的熔化温度，对于新燃料其熔点是 2800 ℃，对应的堆芯线功率密度为 755 W/cm。

考虑到负荷的瞬变和所采用测量方法的精确度，燃料芯块的运行温度应限制在 2260 ℃ 以下，相应的堆芯线功率密度为 590 W/cm。

(2)临界热流密度(DNB)准则

偏离泡核沸腾比(或称烧毁比)DNBR 为临界热流密度与该点实际热流密度之比。该准则规定在额定功水平运行时，DNBR > 1.9；在功率突变或出现事故的瞬态过程中，DNBR≥1.3；即存在一个不能超越的功率极限，以防止堆芯熔化。

(3)和失水事故有关的准则

该准则规定在发生失水事故时，为避免出现燃料包壳熔化，燃料包壳的运行温度不能超过 1204 ℃，相应的堆芯线功率密度为 480 W/cm，考虑到实际情况堆芯线功率密度不能超过 418 W/cm，对应的包壳最高运行温度为 1060 ℃。

例 10.1：假设某 900 MW 的压水堆核电站 Pn 为 2775 MW，其中燃料产生的功率占 97.4%，其余 2.6%为中子慢化和水吸收 γ 射线过程中产生的能量。燃料组件数为 157 个，每个燃料组件中有 264 根燃料棒，每根燃料棒长度为 366 cm。则堆芯平均线功率密度为

$$(q_l)_{av}=\frac{2775\times10^6\times0.976}{157\times264\times366}\approx178\ \mathrm{W/cm}$$

根据和失水事故有关的准则，满功率时要求$(q_l)_{max}<418$ W/cm，此时热点因子可表示成

$$F_q^T\times P<\frac{418}{178}\approx2.35$$

根据堆芯不熔化准则，满功率时要求$(q_l)_{max}<590$ W/cm，则

$$F_q^T\times P<\frac{590}{178}\approx3.31$$

式中，P 是用% Pn 表示的运行功率。

10.3.3.6　恒定轴向偏移的控制

堆芯轴向功率分布的主要控制手段是调节控制棒组件的位置，但控制棒组件的移动有可能引起氙振荡，为了降低轴向氙振荡出现的概率，目前压水堆核电站运行中广泛采用恒定轴向偏移的控制方法，其目的是，不管反应堆运行功率水平是多少，保持反应堆轴向功率分布为同样的形状，即保持 AO 为恒定值 AO_{ref}。

AO_{ref}又称目标值或参考值。其代表额定功率下，平衡氙及控制棒全部抽出(或位于最小插入位置)时，堆芯的轴向功率偏移值。

$$AO_{ref}=\frac{P_H-P_B}{P_H}\times100\%$$

AO_{ref}随燃耗改变而变化，相应的轴向功率偏差 ΔI 的目标值 $\Delta I_{ref}=AO_{ref}P$。

例 10.2：为了运行控制的需要，需将 F_q^T-AO 的关系转换成 P-ΔI 的关系。

对于运行功率 $P=(0\sim100)\%$ Pn，引入系数 $K=(q_l)_{max}/(q_l)_{av}$，即当前功率下最大线功率密度与满功率下平均线功率密度的比值。则

$$F_q^T=\frac{K}{P}\qquad AO=\frac{\Delta I}{P}$$

将上面两个关系式代入式(10-7)，可得到 P-ΔI 关系：

$$P=\frac{K}{2.76},\qquad -\frac{K}{2.76}\times 0.18<\Delta I<\frac{K}{2.76}\times 0.1$$

$$P=0.0181\Delta I+\frac{K}{2.08},\qquad \Delta I<-\frac{K}{2.76}\times 0.18 \tag{10-8}$$

$$P=0.0169\Delta I+\frac{K}{2.23},\qquad \Delta I>\frac{K}{2.76}\times 0.14$$

10.3.3.7 梯形图绘制

压水堆核电站在启动和停闭过程中，参数水平和系统状态要求控制在 *P-T* 图规定区域内；当核电站升降负荷时(相当于处在热备用与功率运行状态之间)，则在梯形图规定范围内加以限制。梯形图实际上就是 $P-\Delta I$(功率-轴向功率偏差)关系图，分为运行梯形与保护梯形两部分。

例 10.3：某电功率为 900 MW 的压水堆核电站的梯形图。

参考 10.1 中的数据，在满足堆芯不熔化准则情况下，*K* 值为 3.31，满足和失水事故相关准则情况下，*K* 值为 2.35。将两值分别代入式(10-8)，可得

$$P=120\qquad -22\%<\Delta I<+17\%$$

$$P=181\times\Delta I+159\qquad \Delta I<-22\% \tag{10-9}$$

$$P=-169\times\Delta I+149\qquad \Delta I>17\%$$

以及

$$P=87\qquad -16\%<\Delta I<+12\%$$

$$P=181\times\Delta I+113\qquad \Delta I<-16\% \tag{10-10}$$

$$P=-169\times\Delta I+105\qquad \Delta I>12\%$$

根据上述两个方程组绘制压水堆运行梯形与保护梯形图如图 10.7 所示。其中 *BC*，AB，CD 由式(10-9)中的三个方程绘制。*AO* 与 *DO* 由 $P=|\Delta I|$ 绘制，这两条线是物理上不可能运行的区域。*ABCD* 称为保护梯形，反应堆允许有 20% Pn 的超功率，实际运行过程中，允许最大功率水平控制在 118% Pn 以下，2% Pn 作为设计裕量。*FG*，*EF*，*GH* 由式(10-10)中的三个方程绘制，*EFGH* 称为运行梯形，压水堆正常运行期间，若 ΔI 在 $\Delta I_{ref}\pm 5\%$范围内时(图形中间两条斜线)，允许在(0~100)% Pn 间运行。

10.3.4 功率控制模式

10.3.4.1 A 模式

核电站运行初期连续以最大功率运行，称为带基本负荷运行，或者基本负荷模式。此时采用强吸收中子能力的控制棒组件(黑棒组)来控制调节功率，这种方式称为 A 模

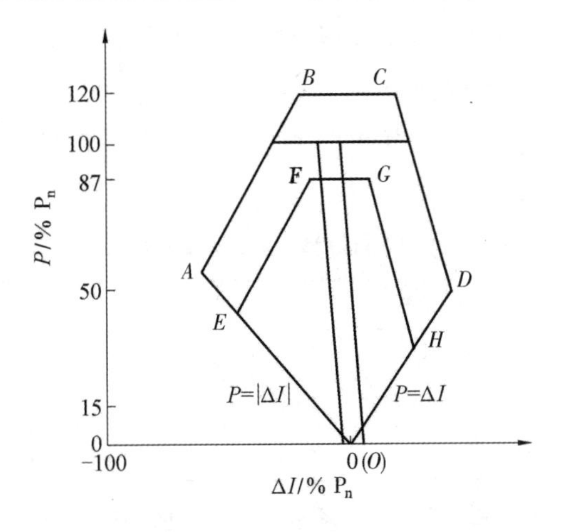

图 10.7 压水堆运行梯形与保护梯形图

式。A 模式通过 T_{av} 调节系统使控制棒组件自动移动，控制堆芯的反应性，同时可以通过改变冷却剂的硼浓度(作用是补偿燃耗和氙引起的反应性变化)限制调节棒的位移，以限制 ΔI。

A 模式下控制棒分为 4 组(A，B，C，D)，每组有 8 束组件。其中 D 为主调节棒组，无论反应堆功率多大，其总是处于调节带的最高位置。

A 模式的运行梯形图如图 10.8 所示。当堆功率＞87% Pn 时，轴向功率偏差 ΔI 需运行在 ΔI_{ref}±5%线内；当反应堆功率为 15%~87% Pn 时，ΔI 需运行在运行梯形内；反应堆功率小于 15% Pn 时，没有氙峰出现的危险，可以不限制轴向功率。

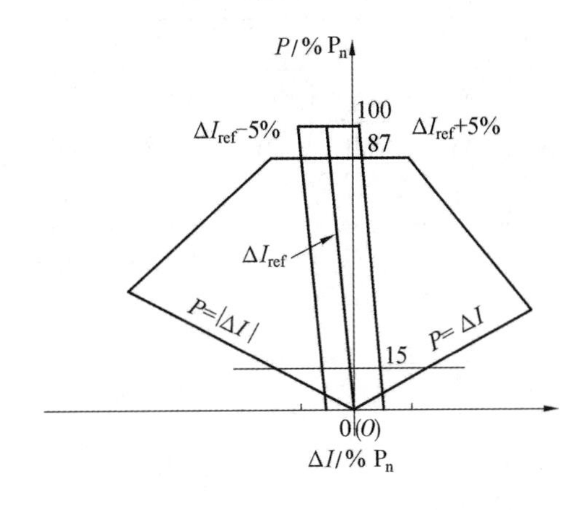

图 10.8 A 模式运行梯形图

10.3.4.2 G 模式

当参与电网负荷跟踪，实现调峰运行时，压水堆核电站采用中子吸收能力较弱的控制棒组件(灰棒组)来控制调节功率，即 G 模式，或称负荷跟踪模式。

G 控制模式中，控制棒组件按吸收中子能力分为黑棒组和灰棒组，黑棒组由 24 根 Ag-In-Cd 棒组成，灰棒组由 8 根 Ag-In-Gd 棒和 16 根不锈钢棒组成。

控制棒组件按功能可以分为停堆棒组(S 棒)、功率调节棒组(G 棒)和温度调节棒组(R 棒)。其中停堆棒组(S 棒)初始分为 3 组，即 S_A，S_B，S_C；功率调节棒组(G 棒)有 4 组，即 G_1，G_2，N_1，N_2；以大亚湾核电站为例，第一循环内各种控制棒组件设置如表 10.3 所示。

表 10.3 大亚湾核电站 G 模式控制棒组件设置 单位：根

功能	功率				温度	停堆		
	G_1	G_2	N_1	N_2	R	S_A	S_B	S_C
能力	灰棒	灰棒	黑棒	黑棒	黑棒	黑棒	黑棒	黑棒
数量	4	8	8	8	8	1	8	4

三代技术控制棒组的设置与二代加技术略有差别，其中停堆棒组(S 棒)分为 4 组，即 SD_1，SD_2，SD_3和 SD_4；功率调节棒组(G 棒)称为冷却剂温度控制棒组(M 棒)，分为 6 组，即 M_A，M_B，M_C，M_D，M_1，M_2；温度调节棒组(R 棒)称为轴向偏移控制棒组(AO 棒)；各种控制棒组件设置如表 10.4 所示。

在负荷跟踪运行时，功率调节棒组依次插入堆芯并有一定的重叠步数。灰棒组的布置应使得反应堆径向功率畸形最小，R 棒组的作用则是补偿堆芯产生的剩余反应性变化，以及限制轴向功率偏差。R 棒组的移动被限制在一个调节带内，以免引起过度的轴向功率畸变。一旦 R 棒组的移动超出调节带，必须改变硼浓度以使 R 棒回到调节带内，硼浓度还可以用来补偿因氙和燃耗引起的慢反应性变化。

表 10.4 三代技术控制棒组件设置 单位：根

功能	功率						偏移	停堆			
	M_A	M_B	M_C	M_D	M_1	M_2	AO	SD_1	SD_2	SD_3	SD_4
能力	灰棒	灰棒	灰棒	灰棒	黑棒	黑棒	黑棒	黑棒	黑棒	黑棒	黑棒
数量	4	4	4	4	4	8	9	8	8	8	8

G 模式下运行梯形如图 10.9 所示。将 $\Delta I_{ref}+5\%$作为正端边界。

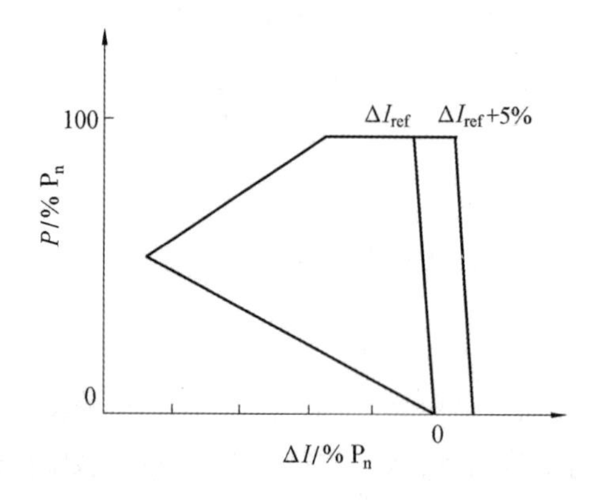

图 10.9 G 模式运行梯形图

10.3.5 停闭过程注意问题

10.3.5.1 衰变热

压水堆在停闭后的相当长时间内，核裂变产物由于发生 β 和 γ 衰变而产生的热量是相当可观的，以一个在 100%FP 运行超过 100 d 的压水堆为例，反应堆停闭后，堆芯剩余发热随时间的下降情况大致如表 10.5 所示。

表 10.5 停堆余热随时间变化关系

停堆时间	1 min	30 min	1 h	8 h	48 h
停堆余热/%FP	4.5	2.0	1.62	0.96	0.62

10.3.5.2 氙-135 的累积

裂变产物在堆内吸收中子的现象，叫作反应堆中毒。裂变产物中主要的毒素氙-135 由裂变直接产生，或来自裂变产物碘 135 的衰变。

当反应堆运行在高功率时，^{135}Xe 达到平衡浓度；停堆工况下，当碘和氙达到稳定浓度时，中毒也达到平衡(图 10.10 线段Ⅰ)；停堆以后，由于氙的消失速度减慢，便会产生“碘坑”，热停闭后大约 11 h 内，由于碘的衰变速率 $N_I(t)$(即氙的积累速率)大于氙的衰变速度 $N_{xe}(t)$，氙的浓度变大，剩余反应性下降(图 10.10 线段Ⅱ)，这一阶段称为“积毒”；停闭 11 h 后，碘的衰变速率与氙的衰变速率相等，碘坑达到最大值；此后，氙的衰变速率大于由碘的产生速率，中毒减弱，反应性回升，这个阶段称为氙的“消毒”(图 10.10 线段Ⅲ)。

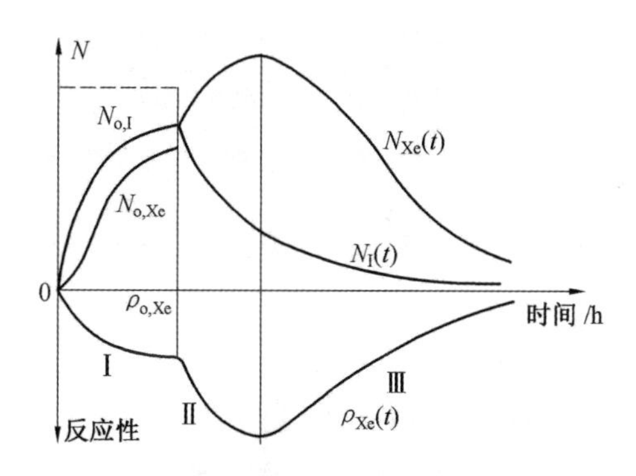

图 10.10 ^{135}Xe 与 ^{135}I 的变化曲线

在积毒阶段启动，可直接按顺序提升调节棒组即可达到临界。应注意堆内中子的倍增率不超过每分钟 10 倍(相当于倍增周期 $T=26$ s)。最大碘坑中启动，由于碘坑深度大于停堆时剩余反应性，此时即使把控制棒组件全部抽出也无法达临界。在消毒阶段启动，启动操作要防止因反应性引入速率过大而出现短周期事故。

10.4 压水堆调试启动与运行

10.4.1 调试启动阶段的划分

核电站从安装结束到商业运行的整个过程称为调试启动阶段。压水堆核电站的调试启动阶段分为3部分，即A阶段，基本系统试验、主辅系统功能试验；B阶段，装料、初次临界和低功率运行；C阶段，功率试验。其中，A阶段被称为预运行试验；B阶段和C阶段被称为运行试验。

调试启动阶段分类、试验名称及平均完成时间如表10.6所示。

表10.6 调试启动阶段分类、试验名称及平均完成时间

<table>
<tr><th colspan="2">阶段分类</th><th colspan="2">试验名称</th><th>平均完成时间</th></tr>
<tr><td rowspan="6">预运行试验</td><td rowspan="6">A阶段</td><td rowspan="2">基本系统试验</td><td>子阶段Ⅰ0：单个系统的独立试验</td><td>—</td></tr>
<tr><td>子阶段Ⅰ1：核蒸汽供应系统联合冲洗试验</td><td>4周</td></tr>
<tr><td rowspan="4">主辅系统功能试验</td><td>子阶段Ⅱ1：冷态功能试验</td><td>2周</td></tr>
<tr><td>子阶段Ⅱ2：热试车</td><td>16周</td></tr>
<tr><td>子阶段Ⅱ3：热态功能试验</td><td>6周</td></tr>
<tr><td>子阶段Ⅱ4：装料准备</td><td>6周</td></tr>
<tr><td rowspan="4">运行试验</td><td rowspan="3">B阶段</td><td rowspan="3">装料、初次临界和低功率运行</td><td>子阶段Ⅲ1：核燃料装载</td><td>2周</td></tr>
<tr><td>子阶段Ⅲ2：临界前的冷态和热态试验</td><td>8周</td></tr>
<tr><td>子阶段Ⅲ3：初次临界和低功率试验</td><td>8周</td></tr>
<tr><td>C阶段</td><td>功率试验</td><td>子阶段Ⅲ4：核功率升至满功率过程中的试验、瞬时试验</td><td>8周</td></tr>
</table>

10.4.2 预运行试验

10.4.2.1 阶段Ⅰ：基本系统试验(A阶段)

单个系统独立试验包括单项设备试验和系统的基本试验。单项设备试验主要是检查系统的各项设备与图纸、设计说明书、合同等是否一致。完成单项设备初步试验后，进行单个系统的试验，根据系统各自的特点进行不同的试验。

核蒸汽供应系统联合冲洗试验主要是一回路主辅系统冲洗试验(即核回路清洗NCC)，为核系统冷态打压试验作准备。NCC的目标是冲刷并清洗反应堆冷却剂主管道和主要辅助系统进入主管的管线系统。通过冲刷试验来验证各设备的性能与能力。NCC的条件是反应堆压力容器开盖且无堆内构件。

10.4.2.2 阶段Ⅱ：主辅系统功能试验(A 阶段)

(1)冷态功能试验

冷态功能试验包括压力容器合盖情况下的试验(冷态打压和功能试验)和开盖情况下的功能试验。试验顺序根据具体情况确定。

① 冷态打压和功能试验。冷态打压和功能试验主要包括主辅系统的功能试验及其高压边界内的打压试验。主要内容有：系统高压部分按其设计压力的 1.33 倍进行耐压试验，时间不少于 30 min；与一回路相关系统(RCP，RCV，RRA)的冷态功能试验；与一回路相连的高压管线的泄漏试验。

打压试验压力 P_s 取设计压力的 1.33 倍，为防止试压时发生脆性断裂，水温应高于压力容器脆性转变温度(38 ℃)。

功能试验主要包括下面几个阶段：系统隔离，隔离边界检查，有关运行操作程序生效；系统动力充水排气；隔离边界的泄漏检查，相应主辅系统设备投入试验；主泵启动，动力排气；各个压力平台，边界泄漏检查，正常冷停堆条件下的系统功能试验；降压至 2.7 MPa，主回路与 RRA 相连，冷态功能试验结束。

a. 系统隔离、检查和重力充水、排气阶段。系统边界隔离、检测结束后，利用换料水箱的高度，通过 RCV 的上充泵向高压安注管线注水，同时利用上充泵对上充管线、高压安注管线进行动力充水和排气。同样，利用换料水箱的高度，通过低压安注注水管线，可对主系统进行充水排气，将主系统与 RRA 连通，对 RRA 充水排气。另外，低压安注注水管线可对稳压器充水。

b. 系统动力排气和主泵启动阶段。系统压力升至 2.3 MPa 以后，要对隔离边界内外作全面的泄漏检查。升压过程中，要对化容系统有关的压力控制和上充、下泄流量孔板进行校核试验。

主泵启动后，利用强迫循环排除 SG U 形管顶部的残余气体带到稳压器或压力容器进行排气。主泵首次启动前需要进行多项检查。

动力排气过程中，每台主泵启动后，通过降压的方式(降到标准大气压)将溶解在水中的空气释放出来。空气的充分释放一般需要 6~7 h。

在排气后，将系统升压至 2.7 MPa，并在正常冷停堆条件下进行各个压力台阶下的水压试验等(例如 2.7，15.4，22.8 MPa 等)。

② 开盖情况下的功能试验。冷态开盖功能试验的主要目的是验证专设安全设施的安全功能是否满足准则要求，确保核电站在各种事故工况下的安全。

(2)热试车

主要包括压力容器和其他一回路设备役前检查；安装的收尾、遗留工作；常规岛试验等。

(3)热态功能试验

热态功能试验(hot functional tests，HFT)是 NSSS 无燃料装载情况下，先升温升压再降温降压的过程中进行的试验(相当于 NSSS 从换料停堆模式—热停堆模式—换料停堆模式)。

HFT 试验的目的是在压力和温度的全范围内验证 NSSS 的有关设备和系统的功能、验证定期试验程序和运行程序、使操纵员熟悉电站的运行。

① 升温升压过程。RCP 充水排气后，采取联合加热法对一回路进行升温升压(相当于从换料停堆工况过渡到热停堆工况)，并在此过程中进行一系列热态性能试验。当 T_{av} 升到 90 ℃时，加 N_2H_4除氧，加 LiOH 调节 pH 值，一回路冷却剂水质指标合格后，继续升温升压。升温升压过程中，一回路冷却剂的温度梯度不能超过 28 ℃/h，PZR 的温度梯度不能超过 56 ℃/h，PZR 单相时升压速率不能超过 0.4 MPa/min。

当 T_{av} 小于 180 ℃时，由 RRA 控制温度梯度；当 T_{av} 大于 180 ℃时，由 SG 通过 ASG 及 GCT 的大气排放阀来实控制。稳压器建立汽腔前，一回路冷却剂的压力通过 RCV 的上充和下泄流量来调节；汽腔建立后，由稳压器的电加热器和喷淋来调节。

② 安全壳性能试验。安全壳性能试验的目的是检测模拟 LOCA 下安全壳的强度和密封性。

安全壳性能试验项目包括安全壳强度试验和安全壳密封性试验。

a. 强度试验。强度试验的目的是验证应力、变形的变化是否在弹性变形范围内。

试验的方法是模拟安全壳在 LOCA 的极端情况下的压力情况进行试验。

LOCA 的极端情况是，安全壳内汽水混合物的温度和压力分别为 145 ℃和 0.42 MPa，此时对安全壳产生的热应力为 0.42 MPa 的 15%。所以安全壳强度和变形的测量，在 0.483 MPa 下进行(即安全壳设计压力 0.42 MPa 的 1.15 倍)。同时需在不同的压力台阶上进行。

试验项目有安全壳内衬表面和安全壳混凝土外表面的裂缝、混凝土结构的局部变形、筒体变形、混凝土筏基的变形、安全壳周围大地沉降、预应力钢束的张力等。

b. 密封性试验。密封性试验的目的是评价 LOCA 下安全壳内气体和其他流体的泄漏量。

试验的项目包括安全壳整体密封性试验和局部泄漏试验。

整体密封性试验属于 A 类试验。测量的是安全壳及其附件的总体泄漏率。目前普遍采用的方法是绝对压力法。根据反应堆堆型、安全壳结构和试验压力等因素，各国制定合格标准(最大允许泄漏率)并不相同。在役试验 3~5 年做一次。

局部泄漏试验分为 B 类和 C 类两种，普遍采用压降法或流量测量法。B 类试验是对贯穿安全壳压力边界的部件进行密封性检查(主要包括贯穿件、闸门、运输通道等)。C 类试验是对贯穿安全壳压力边界管道上的隔离阀进行密封性检查。各国合格标准也不相同。在役试验 2 年做一次，但对经常开关的贯穿件要经常检查。

(4)装料准备

主要内容包括设备检查，RPR 试验，堆外核仪表安装、调试，源量程探测器对中子源回应的核查，临时启动仪表安装、调试，放射性防护测量系统检查、刻度、报警值整定，燃料装卸输送和储存系统及 PTR 的检查和试验，结果不理想试验的重新试验，安注箱试验，模拟装料试验，按换料停堆要求对 NSSS 和堆坑充水（硼酸质量分数：$C_B=2200$ mg/kg）等。

10.4.3 运行试验

10.4.3.1 阶段Ⅲ：装料、初次临界和低功率运行（B 阶段）①

（1）核燃料装载

压水堆核电站的装料方案叫作平板装料法。首先沿围板装入 3 套临时 BF_3 计数器 A，B，C，以及 2 个初级中子源组件，接着先沿堆外 2 个源量程测量通道的连线方向装料，最后在其前后左右依次装料。

（2）临界前的冷态和热态试验

主要试验项目及内容有冷却剂系统泄漏试验、一回路系统流量测定、冷却剂泵惰转流量下滑试验、控制棒驱动机构试验、控制棒落棒时间测量、控制棒位置指示系统试验、保护系统动作试验、电阻温度计旁路流量测定试验、堆内中子通量测量系统试验等。

（3）初次临界和低功率试验

① 初次临界。初次临界的具体步骤如下。

a. 提升控制棒组件。首先提升停堆棒组，然后提升调节棒组，若选择 A 运行模式，调节棒组 D 提升至相当于积分价值约为 100 pcm 的插入位置。提棒过程中需密切观察源量程测量信道的中子计数；根据中子通量变化情况，调整控制棒组件的提升速度；根据次临界度确定控制棒组件每次提升的步数，而每提升几步需等待一段时间，测量中子通量并通过外推法估计次临界度，在确保安全的前提下，再进行下一步操作。

b. 减硼向临界接近。通过 RCV 上充泵将补给水由上充管线注入一回路稀释硼的质量分数，并通过下泄管线将一回路冷却剂排向 TEP。按物理设计要求，减硼速率限制在引起的反应性增加速率不超过 1000 pcm/h。

在减硼过程中，同意每隔一段时间要停止稀释。维持稳压器的连续喷淋以维持一回路冷却剂与稳压器之间的硼的质量分数差值小于 20 mg/kg；当反应堆的次临界度约 50 pcm 时停止减硼操作。

c. 次临界下首次刻棒。当反应堆接近临界时，同样利用外推法对控制棒组件进行首次刻度，以检验控制棒组件的性能。

刻度开始时，探测器的中子计数率 n_1 为

$$n_1=K\cdot\phi_1\propto\frac{S}{1-k_{\mathrm{eff}}} \tag{10-11}$$

然后把待刻度的控制棒组件插入堆芯一定步数，待中子通量稳定后，利用同一探测器测得中子计数率 n_2 为

$$n_2=K\cdot\phi_2\propto\frac{S}{1-(k_{\mathrm{eff}}-\Delta k)} \tag{10-12}$$

① 见附录 2 课程思政内涵释义表第 4 项。

式(10-11)与式(10-12)相除，整理后得

$$\Delta k=\left(\frac{n_1}{n_2}-1\right)(1-k_{\mathrm{eff}}) \tag{10-13}$$

式中，Δk 即为刻度控制棒组件的价值。首次刻度可获得各控制棒组件大致的反应性价值。

d. 提棒向超临界过渡。减硼操作后继续提升调节棒组向超临界过渡。此时，有两种情况：

第一，进行最后一次减硼操作，稳定后反应堆达临界。以中子计数每分钟增加 10 倍的速率小幅提升调节棒组，使堆功率上升到零功率水平；然后插入调节棒组使反应堆维持临界。

第二，若按规程调节棒组达到抽出极限时，反应堆仍未临界，则须将调节棒组插入堆芯，然后以 300 pcm/h 的速率继续减硼，重复上述操作直至出现正周期，最后提升功率到零功率水平。

② 零功率物理试验功率水平之测定。试验目的是决定零功率物理试验功率水平的上限。试验时，临界状态下，提起调节棒组，引入一个周期约 100 s 正反应性，记录中子通量增长的情况，当出现中子通量不按指数规律上升时，表明产生核加热效应。将此时的功率水平降低一个数量级，作为零功率物理试验的上限。功率物理试验应在这个功率水平内进行。

③ 低功率物理试验。低功率物理试验的主要内容有：控制棒价值和硼价值测定、模拟弹棒事故试验、最小停堆深度验证、功率分布测定等。

a. 控制棒价值和硼价值测定。控制棒价值分微分价值和积分价值两种，控制棒组单位长度所能引起的反应性变化称为微分价值；整个控制棒组件所能补偿的反应性变化称为积分价值。

采用充排水方式进行控制棒价值测定。首先将 RCV 补水开关置于“稀释”(或“硼化”)位置，由上充泵将 REA 提供的除盐除氧水(或一定浓度硼酸溶液)注入一回路。冷却剂硼浓度的降低(或升高)引起反应性增加(或减少)，变化速率应控制在 50 pcm/h 以下。同时，周期性地插入(或提升)控制棒组以补偿反应性的变化，使反应堆维持临界状态。

通过反应性模拟机和数字电压表监测反应性和中子通量的变化，并用双笔长图记录仪进行记录。

根据测量结果，绘制 $\Delta\rho/\Delta h-h$ 曲线，即为控制棒组微分价值对棒组位置的微分价值曲线；绘制 $\sum\Delta\rho-h$ 曲线，即为控制棒组的积分价值曲线。

不同浓度的硼水所能补偿反应性的能力称为硼价值。平均硼价值用 $\Delta C_{\mathrm{B}}/\sum\Delta\rho$ 来表示。

b. 模拟弹棒事故试验。弹棒事故是指由于控制棒驱动机构的外壳损坏时，在压差作用下控制棒组件迅速射出的事故。

模拟弹棒事故试验是将堆内反应性价值最大的一根控制棒组件逐步抽出，同时通过硼化来补偿控制棒组件提升所引起的反应性变化。当弹出棒组接近顶部时，停止加硼。稳定后分别测定临界硼浓度、弹出棒反应性价值和堆内功率分布。

c. 最小停堆深度验证。最小停堆深度验证是在反应性价值最大的一根控制棒组全部抽出，其他控制棒组全部插入的情况下，测定反应堆尚能提供停堆深度为 1%$\Delta k/k$ 所需硼酸质量分数的试验。

在保持临界的同时，逐步将反应性价值最大的一根控制棒组抽出到堆顶，然后稀释一回路冷却剂硼浓度。当停堆棒组剩余约 1%反应性时，停止稀释，稳定后取样分析并测定硼浓度。稀释速率应控制在反应性增加速率不超过 300 pcm/h。

若硼的质量分数测量结果为 960 mg/kg，则表明反应堆具有 1%$\Delta k/k$ 停堆深度的硼的质量分数极限值为 960 mg/kg，即在堆芯寿期初，无氙毒工况下，一回路冷却剂硼的质量分数不允许稀释到此值之下。此值应随着燃耗的改变作适当的修正。

d. 功率分布测定。利用堆内核测量系统通过测量堆内热中子通量的空间分布，表征堆芯的功率分布情况。试验可以对全部燃料组件平均功率相对值、总的焓升因子、径向峰值因子和象限功率倾斜进行校核和评价。为得到明显的功率信号，应将反应堆功率提升到 3%额定功率水平。

10.4.3.2 阶段Ⅲ：功率试验（C 阶段）①

汽轮发电机组并网后反应堆逐级提升功率，每级功率水平上都要进行必要的调整与试验，分析安全可靠性，校核各项指标是否符合设计要求。然后决定是否继续提升功率。下面选取比较主要的几项试验进行介绍。

（1）二回路热功率测量

二回路热功率 Q_{SE} 就是核蒸汽供应系统的总热量输出，对 3 个环路带有 3 台 SG 的机组来说

$$Q_{SE}=\sum_{i=1}^{3}Q_{SGi} \tag{10-14}$$

式中，Q_{SGi} 代表 i 环路 SG 的输出热功率。

第 i 环路 SG 的输出热功率为

$$Q_{SGi}=(h_{Vi}W_{Si}+h_{Bi}W_{Bi}-h_{Fi}W_{Fi})+Q_{ri} \tag{10-15}$$

在稳定工况下，SG 的给水流量等于蒸汽流量与排污量之和，即

$$W_F=W_S+W_B$$

代入式（10-15）可得

$$Q_{SE}=\sum_{i=1}^{3}\left[h_{Vi}W_{Si}+h_{Bi}W_{Bi}-h_{Fi}(W_{Si}+W_{Bi})+Q_{ri}\right] \tag{10-16}$$

由于在测量过程中停止排污，所以 $W_B=0$，则

① 见附录 2 课程思政内涵释义表第 4 项。

$$Q_{SE} = \sum_{i=1}^{3} [W_{Si}(h_{Vi} - h_{Fi}) + Q_{ri}] \tag{10-17}$$

(2)功率系数测定

反应堆功率上升，引起燃料温度升高，导致 U^{238}共振吸收截面变大，加上堆内冷却剂温度升高对反应性的影响，引起反应性损失。堆功率每变化 1 MW 所引起的反应性改变称作功率系数，用 α_P表示。压水堆的功率系数是负值。

手动提升调节棒组使功率增加，达到某一功率水平并稳定后(平衡中毒)记下核仪表的功率增长值 ΔP，同时根据调节棒组棒位的变化 Δh，从微分价值曲线查得相应的反应性变化 $\Delta\rho$，即可得出功率系数 α_P。

$$\alpha_P = \frac{\partial\rho}{\partial P} \tag{10-18}$$

当反应堆运行在 15% Pn 以上时，还要记录反应性和功率随时间的变化，即 $\Delta\rho/\Delta t$ 和 $\Delta P/\Delta t$，进而得到功率系数 α_P曲线。

(3)慢化剂温度系数测定

利用负反应性扰动法测量慢化剂等温温度系数。首先断开负荷跟踪，并保持二回路功率不变。然后，通过插入调节棒组引入一个负的反应性，使反应堆功率下降、冷却剂平均温度降低，在负温度系数的作用下产生一个正反应性，使反应堆功率上升。稳定后记录扰动前后的温差 ΔT，并由反应性模拟机测出反应性扰动 $\Delta\rho$，求得温度系数 α_T。在不同功率水平下重复上述步骤，可得到 α_T与 T 的关系曲线。试验应在功率系数测定后进行，以排除附加的反应性干扰。

$$\alpha_T = \frac{\partial\rho}{\partial T} \tag{10-19}$$

(4)反应堆冷却剂流量测量

① 利用弯管流量计进行测定。冷却剂流过弯管流量计，在弯头的内外侧产生一个差压 ΔP，并存在如下关系：

$$Q = k\,(\Delta P/\rho)^{\frac{1}{2}} \tag{10-20}$$

式中，Q 为冷却剂环路体积流量，m^3/h；ρ 为冷却剂密度，kg/m^3；k 为弯管系数，仅与弯管的几何特性有关。求得 3 个环路冷却剂的流量，便可求得总流量。

② 利用一二回路的热平衡进行测定。在任一环路 SG 一回路入口和主泵出口之间建立热平衡方程：

$$Q_m(H_h - H_c) = W_{SG} = W_{RCP} \tag{10-21}$$

式中，Q_m为冷却剂环路质量流量，kg/s；H_h为 SG 一回路入口端面焓值，kJ/kg；H_c为主泵出口端面冷却剂焓值，kJ/kg；W_{SG}为 SG 从一回路得到的功率，kW；W_{RCP}为环路从外界得到的功率，kW。

其中，

$$W_{RCP} = \eta_m W_e - (W_{br} + W_{seal} + W_{hl}) \tag{10-22}$$

式中，W_e为主泵电机的输入电功率，kW；η_m为主泵电机的效率；W_{br}为主泵热屏冷却水带走的热量，kW；W_{seal}为加热一号轴封注入水消耗的热量，kW；W_{hl}为管段的热损失，kW。

与主泵的输入电功率相比，W_{br}，W_{sea}和W_{hl}均可忽略，故得到

$$W_{RCP}=\eta_m W_e \tag{10-23}$$

另外，

$$W_{SG}=Q_v H_v+Q_p H_p-Q_e H_e \tag{10-24}$$

式中，Q_v为 SG 出口蒸汽质量流量，kg/s；Q_e 为 SG 二次侧给水质量流量，kg/s；Q_p为 SG 二次侧排污水质量流量，kg/s；H_v为 SG 出口蒸汽焓，kJ/kg；H_e为 SG 给水焓，kJ/kg；H_p为 SG 排污水焓，kJ/kg。

为提高试验精度，在 SG 二次侧水质合格的前提下，试验期间可以停止排污。这样Q_p和 Q_v均等于 0。综上，某一环路冷却剂的质量流量为

$$Q_m=\frac{Q_v H_v-Q_e H_e-\eta_m W_e}{H_h-H_c} \tag{10-25}$$

3 个环路的冷却剂体积流量之和即为总冷却剂流量。

(5)蒸汽水分夹带试验

试验目的是测定新蒸汽中所含水分的平均值，压水堆核电站要求新蒸汽的蒸汽湿度应小于 0.25%(或干度大于 99.75%)。试验在 75% Pn 和 100% Pn 水平下进行，测试时保持 SG 的负荷和水位稳定。

目前普遍利用示踪剂法测量主蒸汽的湿度，常见的示踪剂有碳酸铯(Cs_2CO_3)和 Na^{24}。放射性钠 Na^{24}示踪剂法由美国西屋公司研究发明，其精度较高，但 Na^{24}半衰期较短且很难获得，因此，很多核电站选择碳酸铯作为示踪剂。

碳酸铯易溶于水且不挥发，在凝结水泵入口注入示踪剂，随给水进入 SG，SG 提供的是饱和蒸汽，蒸汽中携带含有示踪剂的水滴。

设 q，Q 分别为饱和蒸汽中水滴和蒸汽的流量，则蒸汽湿度 H 为

$$H=\frac{q}{q+Q} \tag{10-26}$$

利用示踪剂含量守恒来计算 SG 出口的湿度。试验时，关闭 SG 排污和凝汽器排污，维持常规岛各水箱水位不变。则可得

$$qC=(q+Q)C' \tag{10-27}$$

式中，C 为 SG 沸水区的示踪剂浓度；C'为给水中的示踪剂浓度。

联合，(10-26)和式(10-27)可得

$$H=\frac{q}{q+Q}=\frac{C'}{C} \tag{10-28}$$

C 和 C'分别通过化学取样管线对 3 台 SG 上部的水和给水母管上给水取样，送往化学实验室用原子光谱仪分析样品中的示踪剂浓度。

(6)功率刻度试验

试验目的是建立功率量程测量通道内核仪表的电流值与堆功率之间的关系。

首先，测量二回路热功率并根据一、二回路之间的热平衡，求堆功率 P_R，即

$$P_R = \sum_{i=1}^{3} Q_{SGi} + Q_{rl} - \sum_{i=1}^{3} P_{PUi} \tag{10-29}$$

然后，对电离室电流指示值进行刻度，建立堆功率与电流指示值之间的对应关系。试验至少重复 1 次，获得几种功率水平下的数据，画成堆功率与电流之间的关系曲线。

(7)甩负荷试验

在核电站运行中，甩负荷发生的常见原因有：电网频率不正常，例如因周波低于 49 Hz 而甩去部分负荷；电网故障(如短路)，电压降到 70%并且持续时间长，超过电网故障的排除时间，汽轮发电机组与电网解列，甩去全部外负荷。

以失去全部外负荷为例，试验目的是验证当失去全部外负荷时，核电站具有甩全负荷的能力(不发生汽轮机组跳闸、反应堆紧急停闭)。试验主要内容是在各功率水平下，打开主变压器断路器，突然甩去全部外负荷，观察各系统的响应特性和瞬变后的稳定能力。图 10.11 是满功率水平下甩去全部外负荷时的参数变化。

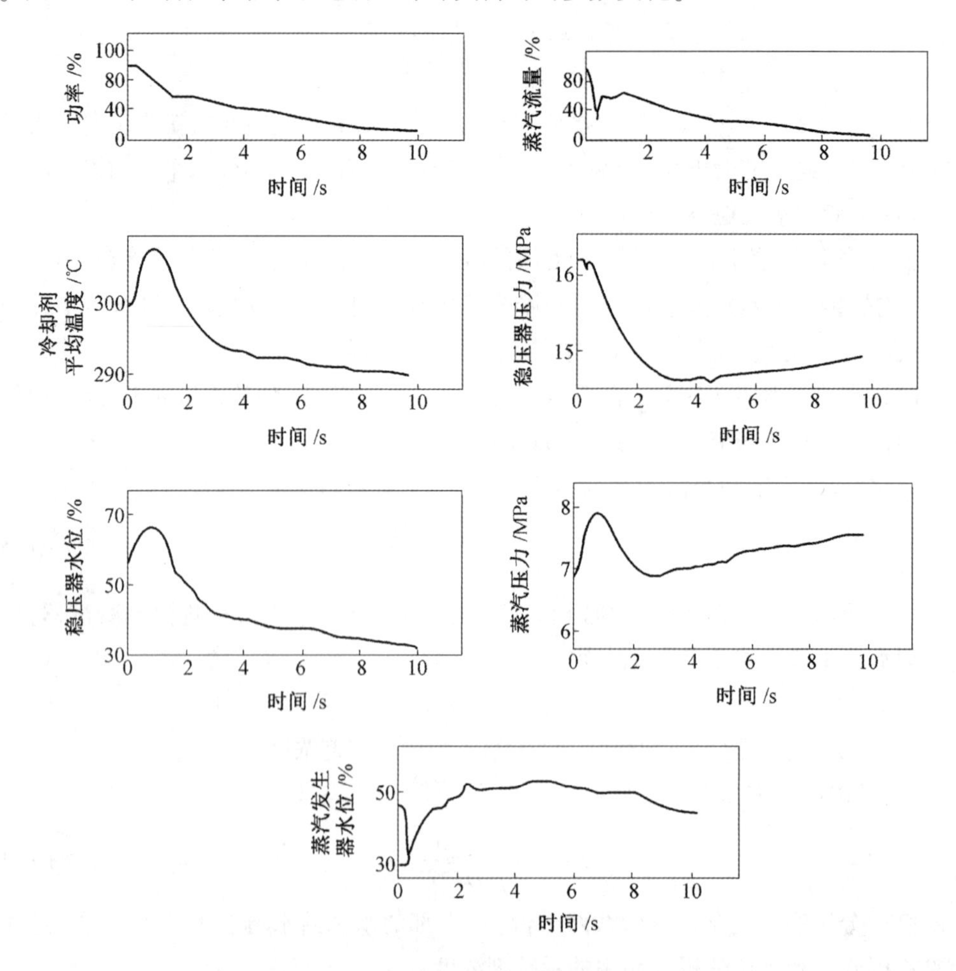

图 10.11　满功率水平下甩去全部外负荷时的参数变化

(8)核电站验收试验

① 可靠性验证。核电站处于满功率工况下，稳定连续运行 100 h 以上，进行可靠性验证。要求在 100 h 内，不发生因核电站本身的故障而引起负荷减少，甚至停闭的现象。

② 性能保证值测定。性能保证值测定与核电站可靠性验证试验同时进行。

a. 净电功率。在发电机组出线端用功率表测得的电功率 P_{GE} 减去厂用电功率 P_A(机组所有辅助设备、变压器损耗、照明等用电之和)，即为核电站的输出功率或净电功率 P_{NE}。

$$P_{NE}=P_{GE}-P_A \tag{10-30}$$

b. 核电站净效率。核电站净效率 η_{NE} 是净电功率 P_{NE} 与二回路热功率 Q_{SE} 的比值。

$$\eta_{NE}=\frac{P_{NE}}{Q_{SE}} \tag{10-31}$$

验收要求性能保证值的误差不能大于 1%。若一座 900 MW 级核电站的净电功率设计值为 925 MW，则验收试验时净电功率不低于 915.75 MW 才算合格。

第 11 章　压水堆实践教学实例

实践内容在压水堆运行仿真机上完成(本书以 M310 技术为对象)。主要目的是将理论与实践相结合,帮助学生更好地理解学校开设的“核电厂控制与运行”课程及其他院校开设的类似课程内容;同时培养学生的思想政治素质及工程实践能力①。

◆◇ 11.1　启动过程分解实验

11.1.1　主泵启动与稳压器建汽腔

相关运行操作对应“10.2　压水堆的启动与停闭”中的步骤 1 与步骤 2,见表 11.1。

表 11.1　步骤 1 和步骤 2 试验操作与理论知识对照表

实践部分	运行部分	系统部分
初始状态确认	标准运行工况	RCP, ASG, RCV
RCP 温度和压力控制	RRA 控制 RCP 温度、PZR 控制 RCP 压力	PZR, RCP, RRA
SG 压力与水位控制	GCT 控制 SG 压力、APG 控制 SG 水位	VVP, GCT, APG
RCP 由单相向两相过渡	PZR 升温、温度梯度控制	PZR, RCP, RCV
PZR 建汽腔	PZR 建汽腔、温度梯度控制	PZR, RRA, RCV

11.1.1.1　初始状态确认②

选择正常冷停堆工况作为试验的初始状态,需确认的主要参数与状态有:

至少一台 RCP 泵处于运行状态(实例为 3 台);

RCP 压力维持在 2.5~2.7 MPa; T_{av} 控制在 60~90 ℃;

S 棒和 R 棒组完全抽出(实例棒位为 255 步);

一回路冷却剂硼的质量分数为 2100 μg/g;

稳压器安全阀关闭;

SG 水位处于零负荷工况的参考水位(34%)(若过低,可通过 ASG 补水)。

---

① 见附录 2 课程思政内涵释义表第 20 项。

② 见附录 2 课程思政内涵释义表第 5 项。

11.1.1.2　RCP 温度和压力控制[①]

升温过程中，通过调节进入 RRA 热交换器的冷却剂流量，将 RCP 的温度梯度应控制在 28 ℃/h 以下。

通过调整稳压器加热器控制器压力设定值，将 RCP 压力维持在 2.5 MPa(此时稳压器喷淋阀压力控制置手动)。

11.1.1.3　SG 压力与水位控制

VVP 每条蒸汽管线上的 GCT-A 隔离阀开启，通过 ASG 保持 SG 水位在零负荷水平对应的水位值 34%(若水位高于参考水位，可通过 APG 排水)。

11.1.1.4　RCP 由单相向两相状态过渡

T_{av}达到 120 ℃时，关闭 PZR 喷淋阀。

继续控制 RCP 温度梯度(0~28 ℃/h)和 PZR 温度梯度(0~56 ℃/h)。

当 PZR 温度达到 RCP 压力下的饱和温度时(2.5 MPa，226 ℃)，PZR 产生气泡(此时 PZR 波动管内温度增加)。

11.1.1.5　PZR 建汽腔[②]

减少 RCV 上充流量、调整通断式电加热器功率维持 PZR 压力。

当 PZR 水位指示器读数开始下降时，将 RCV 下泄阀控制模式由 RCP 切换至 RCV，关闭 RRA 与 RCV 连接管上的控制阀，此后通过调节控制阀与下泄阀的设定值获得一定的下泄流量(PZR 水位逐渐降低，汽腔逐渐增大)。

11.1.2　RRA 隔离

相关运行操作对应“10.2　压水堆的启动与停闭”中的步骤 3，见表 11.2。

表 11.2　步骤 3 试验操作与理论知识对照表

实践部分	运行部分	系统部分
初始状态确认	标准运行工况	RCP，RCV，PZR
RRA 隔离准备	GCT 控制原理、GCT 控制 RCP 温度	GCT，RCP，VVP
RRA 隔离操作	RCV 上充下泄阀控制方式、RRA 与 RCV 协调操作	RRA，RCV，PZR
RCP 升压	PZR 控制 RCP 压力、电加热器运行原理、P-T 图	RCP，PZR，RCV

11.1.2.1　始状态确认[③]

以“主泵启动与稳压器建汽腔”试验的终态作为此试验的初态，主要参数与状态有：

RCP 压力维持在 2.5 MPa 左右；T_{av}达到 120 ℃以上；

S 棒和 R 棒组完全抽出；硼的质量分数为 2100 μg/g；

① 见附录 2 课程思政内涵释义表第 19 项。

② 见附录 2 课程思政内涵释义表第 7 项。

③ 见附录 2 课程思政内涵释义表第 5 项。

SG 水位为 34%；PZR 水位读数正常；

RCV 下泄阀控制模式为 RCV 控制。

11.1.2.2　RRA 隔离准备

继续增加 T_{av} 达到 160 ℃以上；

调整 GCT-A 整定值等于 SG 当前工作压力值，控制 T_{av} 在 160~180 ℃。

11.1.2.3　RRA 隔离操作

当 PZR 水位接近零负荷整定值时(一般为 3.8 m)，将 RCV 上充阀控制模式转为自动；

调节 RCV 下泄阀的压力整定值为 1~1.5 MPa；

关闭 RRA 与 RCV 连接管线隔离阀；

关闭 RRA 的出口与进口阀门；

开启 RRA 与 RCV 连接管线控制阀。

11.1.2.4　RCP 升压

不断调整电加热器 PID 压力设定值，提高 RCP 压力的同时注意控制压力梯度。

11.1.3　联合加热至热停堆

相关运行操作对应“10.2　压水堆的启动与停闭”中的步骤 4，见表 11.3。

表 11.3　步骤 4 试验操作与理论知识对照表

实践部分	运行部分	系统部分
初始状态确认	标准运行工况	RCP，RRA，GCT
联合加热	联合加热法、GCT 与 PID 控制器控制原理、*P-T* 图	GCT，PZR，RCV
向热停堆工况推进	APG 与 VVP 水位组成与原理、暖管、R 棒的控制	APG，VVP，GSS

11.1.3.1　初始状态确认①

以“RRA 隔离”试验的终态作为此试验的初态，主要参数与状态有：

RCP 压力维持在 2.5~3.0 MPa；T_{av} 在 160~180 ℃；

S 棒和 R 棒组完全抽出；一回路硼的质量分数为 2100 μg/g；

SG 水位为 34%；PZR 水位正常；

RRA 已隔离，GCT 投运。

11.1.3.2　联合加热②

RCP 升温所需的热量主要来源于一回路冷却剂泵运转产生的热能，另外稳压器电加热器也可为一回路的升温提供热能。

---

① 见附录 2 课程思政内涵释义表第 5 项。

② 见附录 2 课程思政内涵释义表第 6 项。

通过调节 GCT-A 的整定值控制 GCT 阀门的动作，以保证升温过程中 RCP 升温速率不超过 28 ℃/h。

通过调节 PZR 电加热器 PID 控制器的压力整定值，并位于自动状态，使 RCP 升压。当压力接近 8.5 MPa 时，隔离 RCV 的一个下泄孔板。

在热停堆工况前，隔离另一个下泄孔板，并将 GCT-A 整定值设定为零负荷下 SG 工作压力值(一般为 7.4 MPa)。通过一个下泄孔板维持一定的下泄流量。

升温升压过程中，RCP 压力和温度应控制在 *P-T* 图规定范围内，合理控制压力和温度的梯度，直至 T_{av} 达到 291.4 ℃，P_1 达到 15.4 MPa。

11.1.3.3　向热停堆工况推进

打开 APG 阀门对 SG 进行排污；开启主蒸汽管道阀门对 VVP 及 GSS 进行暖管操作(先开隔离阀，再开调节阀)；暖管完成后开启主蒸汽隔离阀；将 R 棒插到 5 步位置。

11.1.4　反应堆临界

相关运行操作对应“10.2　压水堆的启动与停闭”中的步骤 5，见表 11.4。

表 11.4　步骤 5 试验操作与理论知识对照表

实践部分	运行部分	系统部分
初始状态确认	标准运行工况	RCP，RRA，GCT
提升控制棒	R 棒和 G 棒的工作原理、临界操作试验、倍增时间	RPN，RIC，RRC
反应性控制	保护与连锁信号的作用和意义、反应性平衡计算	RRC，RPR，RIS

11.1.4.1　初始状态确认①

以“联合加热至热停堆”工况作为此试验的初态，主要参数与状态有：

RCP 压力维持在 15.4 MPa；温度控制在 291.4 ℃；R 棒位于 5 步位置。

11.1.4.2　提棒至临界

将 R 棒和 G 棒提升到零功率棒位与允许的上限之间。

在提升过程中，每提升 50 步或者中子计数率增加一倍时稍微暂定一段时间，等反应堆中子通量基本稳定后再继续提升，过程中保证倍增周期始终大于 18 s。

当反应堆有一个正的稳定的倍增周期时，停止提升控制棒，反应堆处于超临界状态。此时将控制棒插入几步，使反应堆处于临界状态。

11.1.4.3　反应性控制

操作过程中，当 P6 信号出现时，闭锁源量程中子通量高，紧急停堆。在实际运行过程中，应先根据停堆时间长短及达临界时间进行反应性平衡计算，然后选择合适的达临界操作方案进行临界操作。可参考初次临界试验。

① 见附录 2 课程思政内涵释义表第 5 项。

11.1.5 过渡至热备用

相关运行操作对应第“10.2　压水堆的启动与停闭”中的步骤6，见表11.5。

表11.5　步骤6试验操作与理论知识对照表

实践部分	运行部分	系统部分
初始状态确认	标准运行工况	RCP，GRE，ARE
旁路排放系统切换	GCT-A与GCT-C的切换、GCT控制原理、温度控制	GCT，CEX，ADG
蒸发器给水切换	ARE工作原理、ASG工作原理、SG水位控制	ARE，ASG，SG

11.1.5.1　初始状态确认①

以“反应堆临界”状态作为此试验的初态，主要参数与状态有：

反应堆处于临界，功率小于2% Pn；

功率调节棒G1，G2，N1，N2和温度控制棒R处于手动控制，R棒位于调节带内(一般为180~204步)，停堆棒组S全部抽出；

汽轮机进汽阀全部关闭；

稳压器的电加热器和喷淋阀的控制设为自动，稳压器水位通过RCV自动控制；ARE的3条主给水管线阀门全部关闭。

11.1.5.2　旁路排放系统切换

将旁路排放系统的GCT-A控制器的设定值设为当前主蒸汽的压力值，并将连锁控制器置于正常位置，将旁路排放系统的3个大气排放阀压强设为7.6 MP。

通过GCT-C将T_{av}控制在291.4 ℃(零负荷整定值)。

11.1.5.3　蒸发器给水切换

将旁路阀置于“自动控制”，开启ARE的3条主给水管线旁路阀的电动隔离阀。

逐渐关闭ASG流量控制阀，将SG水位控制在34%左右(零负荷整定值)。

当水位达标后停运ASG泵，并将ASG控制阀置于全开位置(若水位无法控制，则将ARE调为手动控制)。

11.1.6 二回路启动与并网

相关运行操作对应“10.2　压水堆的启动与停闭”的步骤7，见表11.6。

表11.6　步骤7试验操作与理论知识对照表

实践部分	运行部分	系统部分
初始状态确认	标准运行工况	RCP，GCT，ARE

① 见附录2课程思政内涵释义表第5项。

表11.6(续)

实践部分	运行部分	系统部分
汽轮机同步	给水加热系统原理、汽轮机同步过程、GSS 工作原理	ABP, AHP, GSS
升功率至 10% Pn	P 信号和 C 信号的作用和意义、控制棒的控制方式	RIS, ARE, RPN
汽轮机并网	发电机工作参数和原理、励磁结构与原理、负荷调节	输配电系统、GEX

11.1.6.1　初始状态确认①

以“过渡至热备用”工况作为此试验的初态，主要参数与状态有：

RCP 压力通过 PZR 维持在 15.4 MPa；T_{av}通过 GCT-C 维持在 291.4 ℃；

SG 水位通过 ARE 控制在 34%。

11.1.6.2　汽轮机同步②

点击汽轮机投入按钮，投入盘车系统，然后复位汽轮机脱口信号，点击汽轮机预置按钮，打开 3 号、4 号低压给水加热器，6 号、7 号高压给水加热器，除氧器的抽气隔离阀。

将汽轮机负荷调节按钮置于手动，设定汽轮机目标转速(3000 或 1500 r/min)和升速速率(60~600 r/min)，点击启动按钮使汽轮机升速。

升速过程中 GSS 投运，GSS 新蒸汽备用预热阀和旁路阀关闭，新蒸汽入口隔离阀开启。如果一级再热器管板温度低于 130 ℃，则蒸汽隔离阀开启、新蒸汽备用隔离阀关闭；反之则蒸汽隔离阀关闭、新蒸汽备用隔离阀开启。

11.1.6.3　升功率至 10% Pn

手动提升 G 棒，将堆功率提升到 10%FP 水平，通过 GCT-C 稳定 T_{av}。

当 C20 出现后，P10 信号出现，需要闭锁中间量程停堆保护、功率量程低定值停堆保护信号。

将 G 棒调整为自动控制，ARE 的 3 条主给水管线主阀门和电动隔离阀开启。

11.1.6.4　汽轮机并网

当汽轮机转速接近 2975 r/min 时，暂停汽轮机升速系统，合上发电机励磁控制开关，并调节励磁将发电机电压调整到 26 kV，手动调节汽轮机转速使汽轮机转速达到 3000 r/min，最后手动合上负荷开关。

11.1.7　升负荷至满功率运行

相关运行操作对应“10.2　压水堆的启动与停闭”中的步骤 8，见表 11.7。

11.1.7.1　初始状态确认③

以汽轮机并网工况作为此试验的初态，主要参数与状态有：

汽轮机转速 3000 r/min；发电机电压 26 kV；负荷开关关闭；G 棒、R 棒自动控制；

---

①③ 见附录 2 课程思政内涵释义表第 5 项。

② 见附录 2 课程思政内涵释义表第 8 项。

反应堆功率达到 10% Pn 左右。

表 11.7　步骤 8 试验操作与理论知识对照表

实践部分	运行部分	系统部分
初始状态确认	标准运行工况	输配电系统
升负荷运行	ΔI、R 棒与硼浓度之间的关系、负荷调节方式	RCV，REA，RRC
堆跟机运行	堆跟机运行模式、硼浓度调节方式、控制棒的调节	RCV，REA，GRE

11.1.7.2　升负荷运行①

通过负荷跟踪系统设定目标负荷(满功率)和升负荷速率(速率不宜过大)。点击升负荷按钮使汽轮发电机组速率开始升负荷。

升负荷过程中，需要关注梯形图，当 ΔI 靠近运行图左限线时，可通过硼化使 R 棒上提若干步，让 ΔI 右移；当 ΔI 靠近运行图右限线时，可通过通过稀释使 R 棒下插若干步，让 ΔI 左移，以保证 ΔI 在设计的运行曲线($\pm 5\%\Delta I_{ref}$)内移动。

当汽轮机负荷达到 15% FP 左右时，主给水阀开启，GCT-A 蒸汽排放阀关闭。当汽轮机负荷达到 25% FP 左右时，将 GCT 控制由压力控制方式切换到温度控制方式，运行两台汽动给水泵。

11.1.7.3　堆跟机运行

反应堆功率自动跟随汽轮机负荷变化；通过提升功率调节棒组升功率，温度控制棒组保持在调节带内(180~204 步)。若 R 棒的位置有超出上限的风险，则通过稀释一回路硼浓度使 R 棒下插(稀释流量应小于上充流量)，若 R 棒的位置有超出下限的风险，则通硼化操作使 R 棒上提。

当汽轮机负荷达到 75% FP 左右时，GSS 15%排汽阀关闭，汽轮机负荷升至 95% FP 时，释放压力控制功能，使汽轮机负荷上升直至 100% FP，反应堆也达到满功率。

11.2　停闭过程分解试验

11.2.1　降负荷至汽轮机跳闸

相关运行操作对应“10.2　压水堆的启动与停闭”中的步骤 A 和步骤 B，见表 11.8。

① 见附录 2 课程思政内涵释义表第 29 项。

表 11.8　步骤 A 和步骤 B 试验操作与理论知识对照表

实践部分	运行部分	系统部分
初始状态确认	标准运行工况	RCP，PZR，RPN
降负荷至 30% FP	P 信号的意义、ΔI、R 棒与硼浓度之间关系、降负荷	RPR，REA，GSS
降功率至 10% Pn	GCT 工作原理、P 和 C 信号的意义、FWS 统控制	GCT，RPR，ARE
汽轮机跳闸	盘车的作用和意义、跳闸操作、顶轴油系统作用	GRE，GGR，GEX

11.2.1.1　初始状态确认①

以满功率运行工况作为此试验的初态，主要参数与状态有：

机组满功率运行；功率调节棒全部抽出堆外，温度调节 R 棒位于调节带中部；RCP 压力 15.4 MPa，T_{av} 310 ℃，SG 水位 50%，SG 压力 6.7 MPa，PZR 水位 60%，反应性 0 pcm。其他参数均运行在满功率水平。

11.2.1.2　降负荷至 30% FP②

与升负荷操作类似，首先设定目标负荷（30% FP）和降负荷速率（不宜过大），点击运行按钮开始降负荷。

降负荷过程中要保证 R 棒在调节带内，ΔI 在梯形图限制线内（操作见 11.1.7）。

当汽轮机负荷降至 70% FP 左右时，GSS 新蒸汽和抽汽再热器向凝汽器的排汽阀开启。

当反应堆功率降至 40% Pn 左右时，P16 信号消失。

当汽轮机负荷降至 35% FP 左右时，GSS 新蒸汽备用控制隔离阀打开、抽汽隔离阀关闭，运行 1 台汽动给水泵。

当反应堆功率降 30% Pn 左右时，P8 信号消失。

当汽轮机负荷降至 30% FP 左右时，GSS 新蒸汽温度控制隔离阀开启、新蒸汽温度控制阀旁路关闭。

11.2.1.3　降功率至 10% Pn

当反应堆堆功率降到 20% Pn 左右时，将 GCT 整定值调整为 7.4 MPa，将其从温度控制模式切换到压力控制模式。

当汽轮机负荷降至 18% FP 左右时，FWS 3 条管线的主阀调节阀关闭，并关闭 3 个隔离阀。

当汽轮机负荷低于 10% FP 左右时，P13 信号消失。

当反应堆功率降到 10% Pn 左右时，P10，P7 信号消失，C20 信号出现，并将 R 棒与 G 棒调节为手动控制。

---

① 见附录 2 课程思政内涵释义表第 5 项。

② 见附录 2 课程思政内涵释义表第 29 项。

11.2.1.4　汽轮机跳闸①

继续降低汽轮机负荷，核对向凝汽器排放阀开启。

当电功率降到 10 MW 时，按下正常停机按钮，使汽轮机停机，此时所有汽机阀门都处于关闭状态，汽轮机开始降速，负荷开关断开，给水加热器的抽汽隔离阀自动关闭，GSS 汽水分离器疏水泵自动停运。

当汽轮机转速降至约 200 r/min 时，投入顶轴油系统；当汽轮机转速降至约 37 r/min 时，盘车自动投运。

11.2.2　降温降压降功率

相关运行操作对应“10.2　压水堆的启动与停闭”中的步骤 C 和步骤 D。

表 11.9　步骤 C 和步骤 D 试验操作与理论知识对照表

实践部分	运行部分	系统部分
初始状态确认	标准运行工况	GRE，GCT，ARE
降功率至热备用	ARE 与 ASG 的切换、核功率的控制、GCT 控制原理	ARE，ASG，GCT
热备用至热停堆	控制棒操作运行、两种工况的过渡、硼浓度的调节	REA，RPN，RCV
向冷停堆过渡	降温降压操作、一回路温度控制、一回路压力控制	RIS，GCT，PZR

11.2.2.1　初始状态确认②

以汽轮机跳闸工况作为此试验的初态，主要参数与状态有：

负荷开关断开，电功率 0 MW；汽轮机脱扣，汽轮机盘车状态，转速为 37 r/min；R 棒与 G 棒为手动控制；SG 水位由 ARE 控制，GCT 为压力控制模式。

11.2.2.2　降功率至热备用

通过插入 G 棒，使核功率降到 2% Pn 以下(可随时调整一回路硼的质量分数)。

将 SG 的水位由控制 ARE 切换到 ASG，以保持 SG 水位在零负荷整定值，切换到 ASG 控制后停运 ARE 的主给水泵。机组进入热备用工况。

11.2.2.3　热备用至热停堆

手动将 R 棒插入 5 步位置，G1，G2，N1，N2 棒做相同操作至 5 步位置。将一回路硼的质量分数硼化到 1200 μg/g(热停堆硼的质量分数)。机组进入热停堆工况。

11.2.2.4　向冷停堆过渡③

将一回路硼化到 2100 μg/g(正常冷停堆的标准硼的质量分数)，并将 R 棒完全抽出。

降低 GCT-C 的蒸汽排放控制器整定值，通过 CEX 使一回路降温。

---

① 见附录 2 课程思政内涵释义表第 8 项。

② 见附录 2 课程思政内涵释义表第 5 项。

③ 见附录 2 课程思政内涵释义表第 19 项。

关闭稳压器 4 组通断式加热器，通过调节稳压器喷淋阀的开度调整一回路的降压速率。

降温降压过程中，降温速率不能超过 28 ℃/h，降温原则是先降温后降压、多降温少降压以保证一回路冷却剂的温度低于当前压力下的饱和温度。同时要保证 3 台 SG 的水位控制在 34%左右、RCV 的下泄流量控制在 13.6 m^3/h 左右、RCV 的轴封流量控制在 1.8 m^3/h、运行曲线运行在 *P–T* 图限制线内。

当 Tav 温度降到 284 ℃时，P12 信号出现，此时要闭锁其对应的安注信号，以免引起安注系统的误启动。

“解除闭锁” 2 个凝汽器排放阀的闭锁装置，以保证蒸汽可以正常排往 CEX。

当一回路压力降到 13.8 MPa 左右时，观察到 P11 信号出现，此时需要闭锁其对应的安注信号，以免引起安注系统的误启动。自动关闭稳压器安全隔离阀。

当一回路压力下降到 8.5 MPa 左右时，打开第二个下泄孔板，当一回路压力下降到 7.0 MPa 时，关闭中压安注箱隔离阀。

11.2.3 RRA 投运

相关运行操作对应“10.2 压水堆的启动与停闭”中的步骤 E，见表 11.10。

表 11.10 步骤 E 试验操作与理论知识对照表

实践部分	运行部分	系统部分
初始状态确认	标准运行工况	RCP，PZR，GCT
RRA 升压	*P-T* 图曲线意义、低压下泄管线、RRA 升压过程	RRA，RCV，RCP
RRA 升温	RRA 设备运行，RRA，RCV，RCP 三者之间的联系	RRA，RCV，RCP
GCT 切换至 RRA	一回路平均温度的控制、闭锁装置、大气排放管线	GCT，RRA，VVP

11.2.3.1 初始状态确认①

以 RRA 投运前工况作为此试验的初态，主要参数与状态有：

一回路压力由稳压器控制，维持在 2.5~2.7 MPa；T_{av} 由 GCT 控制，维持在 160~180 ℃。

GCT 蒸汽排放控制器整定值设置为 0.7 MPa 左右。

11.2.3.2 RRA 升压

此时反应堆处于停堆过程中的降温降压状态，这个阶段主要以降温为主。

当 T_{av} 降到 180 ℃以下，一回路压力降到 2.7 MPa 以下时，首先关闭 RCV 的低压下泄阀门，RCV 的 3 个下泄孔板均处于开启状态，调整 RCV 下泄阀控制器的压力至 1.5 MPa 左右。

关闭 RRA 热交换器的流量调节阀，打开 RRA 中与 RCV 低压下泄管线连接的阀门

① 见附录 2 课程思政内涵释义表第 5 项。

(控制阀和隔离阀),使 RRA 的压力上升至 RCV 压力附近,之后关闭控制阀。开启 2 条 RRA 与 RCP 连接管线上的控制阀并启动 1 台余热排出泵,使 RRA 压力上升至 RCP 压力附近。增大 RCV 下泄阀开度,加大下泄流量至 28 m^3/h 左右。

11.2.3.3 RRA 升温

RRA 升压的同时,RRA 热交换器的上游温度不断升高,实际运行过程中,当 RRA 热交换器上游温度每升高 60 ℃左右的时候,需要切换到另一台余热排出泵运行,以保证 2 台余热排出泵都能够安全稳定的工作。

当余热排出泵上游温度与 T_{av} 相差低于 60 ℃时,可打开 RRA 与 RCP 连接管线的阀门(热交换器出口流量控制阀下游),并将热交换器旁路阀设为自动控制。

11.2.3.4 GCT 切换至 RRA

通过调节 RRA 热交换器出口阀门开度(以及旁路阀),控制一回路的温度梯度,一般情况下要求一回路降温速率不能超过 28 ℃/h。

一回路温度转由 RRA 控制,先闭锁 2 个 GCT-C 控制器,然后关闭 3 条 GCT-A 的大气排放阀,同时关闭 3 条主蒸汽管线的主蒸汽隔离阀。

11.2.4 PZR 灭汽腔

相关运行操作对应“10.2 压水堆的启动与停闭”中的步骤 F,见表 11.11。

表 11.11 步骤 F 试验操作与理论知识对照表

实践部分	运行部分	系统部分
初始状态确认	标准运行工况	RCP, PZR, RRA
PZR 升水位	PZR 水位控制、RCV 阀门调节、压力控制模式	RCP, PZR, RCV
PZR 满水	PZR 工作原理、温度梯度控制、灭气腔过程和原理	RCP, PZR, RCV

11.2.4.1 初始状态确认[①]

以 RRA 投运后的状态作为此试验的初态,主要参数与状态有:

稳压器处于两相状态,一回路处于两相中间停堆;一回路压力由稳压器控制在 2.5~2.7 MPa;T_{av} 由 RRA 控制持续降温。

RRA 与 RCV 和 RCP 连通。

11.2.4.2 PZR 升水位

通过降低 RCV 正常下泄阀开度将 RCV 下泄流量减小至 10 m^3/h 左右,通过增加 RCV 上充阀开度将 RCV 上充流量增大至 27 m^3/h 左右。

PZR 水位上升的同时,PZR 波动管线和 PZR 液相温度均有所下降。

当 PZR 水位达到 3.8 m 左右时(指示器显示 100%,不同核电站,此数值不尽相同),

① 见附录 2 课程思政内涵释义表第 5 项。

将 RCV 下泄阀整定值设定为当前 RCP 压力，将 RCV 低压下泄阀的控制从 RCV 压力控制切换到 RCP 压力控制。

11.2.4.3 PZR 满水①

将 RCV 低压下泄控制阀完全打开，调节上充流量高于下泄流量，使 PZR 水位稳定持续升高。

当 RCV 下泄流量突然增加时，表明 PZR 汽腔已全部淹没，稳压器处于满水状态，核电站处于单相中间停堆状态。

通过喷淋使 PZR 降温，降温速率不超过 56 ℃/h，PID 电加热器和安全阀关闭。

11.2.5 RRA 冷却至冷停堆

相关运行操作对应“10.2 压水堆的启动与停闭”中的步骤 G，见表 11.12。

表 11.12 步骤 G 试验操作与理论知识对照表

实践部分	运行部分	系统部分
初始状态确认	标准运行工况	RRA，PZR，RCV
冷停堆工况确认	RRA 控制 T_{av}、RCV 控制一回路压力、冷停堆参数	RRA，RCV，RPR

(1)初始状态确认②

以 PZR 灭汽腔后的状态作为此试验的初态，主要参数与状态有：

稳压器处于满水状态，一回路处于单相中间停堆；一回路压力由 RCV 控制，维持在 2.5~2.7 MPa；T_{av}由 RRA 控制持续降温。

(2)冷停堆工况确认

调节 RRA 热交换器出口阀门开度，控制一回路降温速率不高于 28 ℃/h，持续降温。当 T_{av}低于 90 ℃时(60 ℃< T_{av} < 90 ℃)，可结束冷却，保留一台冷却剂泵运行。

RCP 压力继续由 RCV 自动控制。停堆棒 S 棒、温度调节棒 R 棒全部抽出，功率调节棒 G 棒插入 5 步位置。

---

① 见附录 2 课程思政内涵释义表第 7 项。

② 见附录 2 课程思政内涵释义表第 5 项。

第12章　课程思政的教学应用

本教材课程思政体系设计主要分为四步，即课程特色特点分析、思政元素挖掘融入、服务保障体系建立以及评价改进方法措施。

本教材主要适用于核工程与核技术专业的压水堆核电站系统、运行、调试等方向的理论课程以及针对以上内容开设的实践课程（如核电站仿真运行），针对不同的课程和内容，可以设计不同的融入元素。下面对教材内容的一些共性特点进行了分析总结，并设计了融入元素，在实际教学过程中，可以针对现实情况进行调整。本教材仅对课程思政的建设提供一个可行的方法和路线，在实际应用和教学过程中可不断更新、改进、完善。

第一步，分析核电站系统与运行类课程的特色和特点。

首先是理论部分。教材内容大致可以分为三个方向：第一是背景概述类内容；第二是系统介绍类内容；第三是调试运行类内容。

其中，背景概述类内容可分为基础知识、法律法规和核电站相关介绍三个部分。系统介绍类内容可分为功能介绍、结构介绍和运行介绍三个部分。功能介绍进一步分为主要功能、辅助功能和安全功能介绍；结构介绍进一步分为设备和管线介绍；运行介绍进一步分为正常运行和备用状态介绍。调试运行类内容可分为启停运行和调试启动介绍两个部分。

其次是实践部分。内容大致可分为理论知识和实践操作两个部分。其中，理论知识是指在实训过程中应用到的相关专业知识，需在教学过程中不断调整完善；实践操作是指试验过程中进行的相关操作，主要包括阀门的调节和参数的设置。

第二步，根据课程特色挖掘思政元素。

首先是背景概述类内容。

第一，通过对基础知识的讲解，引申出基础研究的重要性。基础知识对科学研究及其发展起到关键作用。

第二，通过对法律法规的讲解，灌输遵纪守法、依法依规的人生观。法律法规涉及的领域众多，可根据学校和专业的实际情况进行挖掘融入。

第三，通过对核电站相关内容的讲解，指出核工程是一个包容性很强的学科，涉及方方面面的知识，强调包容性的意义，培养、建立具有包容性的世界观。

其次是系统介绍类内容。

第一，通过对主要功能的讲解，引申出主次关系的辩证统一，同时了解各个时期我国社会的主要矛盾和矛盾的主要方面。

第二，通过对辅助功能的讲解，强调辅助功能的重要性，引申出小人物也可以有大作为，灌输爱岗敬业的价值观，进而熟悉社会主义核心价值观的内涵。

第三，通过对安全功能的讲解，强调安全的重要性，从而引申出总体国家安全观的概念。

第四，通过对设备的讲解，指出设备多样性对核电站安全十分重要，强调多样性的意义。

第五，通过对管线的讲解，强调系统与局部之间的辩证关系，进而引申出系统工程论的理念，同时了解系统科学的发展及其意义。

第六，通过对正常运行的讲解，指出核电站运行的不同阶段都有其特定的目标和任务，但最终目的是使核电站安全稳定的运行。

第七，通过对备用状态的讲解，强调备用的作用和意义，引申出有备无患、居安思危的理念。

然后是调试运行类内容。

第一，通过对启停运行的讲解，强调启动与停闭操作之间的对立与统一，引申出辩证法的概念，灌输辩证唯物主义的世界观。

第二,通过对调试启动的讲解，强调准备工作的重要性，引申出厚积薄发的概念，灌输只有准备充分才能办好事情的人生观。

接下来是实践环节。

第一，实践理论部分，可分为两个方面，一方面是在理论联系实践的过程中所应用的理论知识，另一方面是实践过程中所特有的理论知识。思政元素融入过程中，前者可参考思政元素融入点，后者需要根据实际情况进行归纳总结和挖掘融入。下面以教材分解试验为研究对象，对实践过程中特有的理论知识进行简要的设计。通过分析，各个试验之间存在一些共有特性的知识点，例如初态选择、各种关联和参数曲线的控制等，因此，可考虑从三个方向进行思政元素的融入。

初态选择是开展试验的准备工作，只有做好充分的准备，才能从容应对突发情况，通过对初态的分析讲解，灌输因地制宜、对症下药的意识。

试验过程中存在各种关联，比如单相状态与两相状态的关联、温度与整定值和压力值之间的关联、手动操作与自动操作之间的关联等。强调事物的辩证统一，引申出利用辩证唯物主义思维去思考问题和解决问题。

核电站启动和停闭过程中 RCP 压力和温度要求控制在 P-T 图规定范围内，这个过程中压力和温度要协调上升，两者相辅相成，两者只有配合好才能完成试验。生活工作中也要保持这种互帮互助、共同发展的人生观。

第二，实践操作部分，可以从以下四个方向进行思政元素的融入。

模拟核电站实际工作情况，试验分组进行，通过团队合作完成各项试验，并将完成情况作为成绩认定的一部分，培养团队合作意识和集体荣誉感。

通过调节阀门和控制按钮的操作，灌输做事不能操之过急，要稳扎稳打、循序渐进，谨防功利心影响的人生观。

通过设置参数的操作，灌输做事要认真仔细，不可马虎大意，谨慎能捕千秋蝉，小心驶得万年船的人生观。

核电站启动和停闭过程中大多时候需要控制 RCP 压力和温度在 *P-T* 图规定范围内，这个过程中压力和温度要协调上升，两者相辅相成，两者只有配合好才能完成试验。从而引申出互帮互助、共同发展的人生观。

最后是非归类知识内容。

上述所有思政元素的融入都是针对某一类内容，但在实际教学过程中还有一些不易归类的知识点，针对这些内容，也需根据实际情况进行挖掘融入，例如：

第一，通过讲解核电技术的发展，强调技术更新，与时俱进的重要性，进而引申出科技是第一生产力的概念。

第二，通过讲解安全壳的作用，分析安全与环境的关系，引申出绿水青山就是金山银山的概念。

第三，通过讲解阈值的作用，说明核电站运行参数需规定运行限值、整定值和安全限值，一旦超出限值就会有各种风险，从而引申出底线意识，指出做人做事不能超出底线，一旦越线同样会有各种危险。

第四，通过讲解各通道的功能，指出设置原则是为了保证可以根据需求持续地对堆芯功率进行测量，从而引申出可持续发展理念。

第五，通过讲解功率测量仪表的选择，说明不同仪表起到不同的功能，从而引申出只有具备基本的责任感和使命感，才能实现个人价值和奋斗目标。

第六，通过讲解与系统连接的其他系统，指出系统自身与其他连接系统的联系，引申出考虑问题要从整体出发、大局出发，要具备大局观。

第七，通过对安全壳内氢气浓度的监测的讲解，指出切尔诺贝利核事故和福岛核事故都是因为氢气浓度过高引起爆炸导致十分严重的核事故，从而引申出从量变到质变的规律。

第八，通过讲解不同技术在设计上的差异，指出同一功能可以采取不同的方式加以实现。引申出在科技发展的道路上，应注意培养开拓创新精神。

第九，通过讲解 RMS 的功能和流程，说明辐射监测的重要性，从而引用相关辐射监测法规及辐射防护标准，了解国家标准。

第三步，初步确定课程思政体系。

根据前面介绍的设计思路和方法建设课程思政体系。详细设计内容可见课程思政体系对照表(见表 12.1)。首先，针对课程的知识内容类型挖掘合适的课程思政元素，并选择合适的讲授方式。其次，对课程思政元素进行分类统计以确定元素的类型及各类型的分配比例。再次，根据元素内容确定具体的融入点，确保元素内容分配均匀，既要合理分配各章节的元素数量，也要按照教学大纲合理分配每学时的元素数量。最后，通过评价报告调整元素类型、内容、融入点、讲授方式及比例。

第四步，完善评价方法和改进措施。

首先是评价方法。课程思政体系的评价可分为评价方式和结果分析两部分。

评价方式以评价课程思政的教学效果为主，通过调查问卷的方式开展。其核心思想是不考查学生而考查课程，充分以学生为中心，考查学生对课程的接受程度，不以分数评断学生对课程思政的学习效果，使课程通过几轮改进后成为学生接受、同行认可、自成体系、具有特色、广泛应用的课程思政类课程。为激发调研对象的积极性，可将调查问题作为附加题加入期末考试的试卷中，以不影响期末考试的效果、尽量减小对总成绩的影响为前提，附加题共设 5 道，每道题 1 分，共 5 分。其中，客观题以选择为主，主要调研三个方面的内容：第一，调研对象对课程思政的态度(或是否认为有意义)；第二，思政元素的讲解有没有影响学习的连贯性(或是否影响学习效果)；第三，课程思政元素融入数量是否合适(或讲授时间是否合适)。主观题以简答为主，考查调研对象印象较深的课程思政元素、调研对象对课程思政教学的建议这两方面内容。

结果分析以数据分析的形式开展，为避免调研对象主观迎合，造成调研结果无法正常反应真实情况，首先要对调研结果进行归纳统计，然后利用数学模型对计数结果进行分析，进而判断调研结果的真实性和有效性。每道客观题应设 3 个以上的选项，分别代表不同程度的指标，若出现某题的结果集中在某一选项上，则可认为该题的调研结果失真，若数据分析结果近似平均形态分布，则说明课程思政的教学效果不太理想，需要重新设计，若数据分析结果呈其他形态分布，则需将选项内容经分析整理后融入 CQI 方案中；主观题应允许答案为空，归纳统计后，若不作答的人数较多，则说明调研对象对课程思政的设计并不认可，需要重新设计，若数据分析结果呈近似散点形态分布，则说明课程思政的教学重点并不明显，需进行调整，若数据分析结果呈现某数据特别突出(可能是积极的，也可能是消极的，需要根据实际情况判断)，则说明该项内容应得到充分的重视，并应在新版的方案中得到改善，若数据中出现无法归纳的内容(比如回答印象较深的课程思政元素时，答案不是本门课的思政元素)，则说明课程思政的设计存在一定的漏洞和不足，需弥补和改进。总而言之，所有分析结果都要有详细的对策或措施。

其次是改进措施。课程思政的讲授，主要目的是提升学生的思想政治素质。和理论知识的讲授一样，如何激发学生的学习兴趣是提高课程思政教学效果的关键问题，而课程的讲授方式在很多程度上可以很好地解决这一问题。思政元素的讲授方式主要有三种：案例式、关联式、引导式。其中，案例式是比较理想的教学方式，不论是在专业知识的讲解方面还是在思政元素的讲解方面，如果可以设计一个十分理想的案例内容，将对加深学生对讲授内容的理解和提高学生的学习兴趣都有很大帮助。案例式教学的难点在于如何找到一个案例，使其与理论知识和思政元素都有较高的吻合度。在实际教学过程中，不是所有知识点和元素都能找到合适的案例加以支撑，因此很多时候采用的是关联式，即通过某一知识点引申出某一思政元素，进而对其进行讲解。另外，引导式主要是针对实践环节，即通过学生的自身感受去理解思政元素。教学方式的改进不是一朝一夕能完成的，需要时间和耐心，更需要投入和思考。

在提高课程思政教学效果的同时还要注意课程自身的教学效果。首先，思政元素的讲授不能严重影响专业知识的讲解，因此在思政元素的讲解数量和讲解时间上要进行合理的设计并不断改进。其次，思政元素的内容不能过于单调，前面已经介绍过思政元素主要分为六种类型，因此，思政元素的分配应涵盖各个类型，其比例应根据课程特点进行设计，思政元素的分配应从更高的角度进行调整，比如从专业思政建设的角度出发，调整每门课程各个类型的比例，进而调整每门课程思政元素的比例。最后，课程思政体系的改进涉及很多方面，时代在进步，思想也在发展，随着时间的推移，人才培养目标、教育教学方法、社会环境形态以及国情、政策等都在改变，因此除了思政元素自身的调整，还要对顶层设计进行改进。

所以，课程思政体系的改进可以从以下几个方面进行：

第一，改进每个思政元素的讲授方式，以改善调研对象对课程思政的态度；

第二，调整每个思政元素的讲授时间，以避免影响学习效果；

第三，调整思政元素的融入数量，使融入数量趋向合理；

第四，分析课程思政体系的元素类型和比例并进行调整，使各类内容所占的比例合适；

第五，改进评价方法使其适应新体系，若评价方法效果明显，可继续使用；

第六，最后进行课程思政体系的改进，最终目标是形成适应当前国情的、完善的课程思政体系；

第七，坚持 CQI 理念，持续改进。

表 12.1　课程思政体系对照表

元素类型	元素内容		元素融入点	讲授方式	分配占比
思想品德	1	遵纪守法、依法依规的人生观	背景概述类知识	关联式	30%
	2	重视基础的意识	背景概述类知识	关联式	
	3	工匠精神	系统介绍类知识	关联式	
	4	厚积薄发的人生观	调试运行类知识	关联式	
	5	因地制宜、对症下药的人生观	实践理论部分	引导式	
	6	互帮互助、共同发展的人生观	实践理论部分	引导式	
	7	稳扎稳打、谨防功利心影响的意识	实践操作部分	引导式	
	8	认真仔细，不可马虎大意的人生观	实践操作部分	引导式	
	9	底线意识	其他理论知识	关联式	
中国特色社会主义理论体系	10	我国社会的主要矛盾和矛盾的主要方面	系统介绍类知识	关联式	23.3%
	11	社会主义核心价值观	系统介绍类知识	关联式	
	12	总体国家安全观	系统介绍类知识	关联式	
	13	居安思危、有备无患	系统介绍类知识	关联式	
	14	现代化建设的建设目标	系统介绍类知识	关联式	
	15	绿水青山就是金山银山	其他理论知识	案例式	
	16	可持续发展理念	其他理论知识	案例式	
文化修养	17	培养、建立具有包容性的世界观	背景概述类知识	关联式	20%
	18	系统工程思想	系统介绍类知识	案例式	
	19	用辩证唯物主义思维思考和解决问题	实践理论部分	引导式	
	20	团队合作意识和集体荣誉感	实践操作部分	引导式	
	21	培养、建立责任感和使命感	其他理论知识	关联式	
	22	培养大局观	其他理论知识	关联式	
马克思主义原理	23	多样性的意义	系统介绍类知识	案例式	16.7%
	24	主次之间的辩证关系	系统介绍类知识	关联式	
	25	辩证唯物主义的世界观	调试运行类知识	关联式	
	26	科技是第一生产力	其他理论知识	案例式	
	27	量变到质变的规律	其他理论知识	案例式	
创新能力	28	开拓创新精神	其他理论知识	关联式	6.7%
	29	工程创新能力	实践操作部分	引导式	
法律法规	30	辐射防护标准	其他理论知识	案例式	3.3%

附　录

附录 1　压水堆系统分类与名称

附表 1　压水堆系统分类与名称

M310			AP1000		
归类	中文	缩写	归类	中文	缩写
主系统	一回路冷却剂系统	RCP	主系统	一回路冷却剂系统	RCS
一回路辅助系统	化学与容积控制系统	RCV	一回路辅助系统	化学与容积控制系统	CVS
	硼和水补给系统	REA			
	余热排出系统	RRA		正常余热排出系统	RNS
	设备冷却水系统	RRI		设备冷却水系统	CCS
	反应堆水池与乏燃料水池冷却和处理系统	PTR		乏燃料池冷却系统	SFS
	重要厂用水系统	SEC		厂用水系统	SWS
				一回路取样系统	PSS
专设安全设施	安全注入系统 高压安全注入系统 中压安全注入系统 低压安全注入系统	RIS HHSI MHSI LHSI	专设安全设施	非能动堆芯冷却系统	PXS
	辅助给水系统	ASG		安全壳隔离系统	CIS
	安全壳喷淋系统	EAS		非能动安全壳冷却系统	PCS
	安全壳隔离系统	EIE		安全壳系统	CNS
				主控室应急可居留系统	VES
				安全壳氢气控制系统	VLS
三废处理系统	硼回收系统	TEP	放射性废物处理系统	放射性废液系统	WLS
	核岛排气和疏水系统	RPE			
	废液处理系统	TEU			
	废液排放系统	TER		放射性废物排放系统	WRS
	废气处理系统	TEG		废水系统	WWS
				放射性废气处理系统	WGS
	固体废物处理系统	TES		放射性固体废物处理系统	WSS

附表1(续)

<table>
<tr><th colspan="4">M310</th><th colspan="3">AP1000</th></tr>
<tr><th colspan="2">归类</th><th>中文</th><th>缩写</th><th>归类</th><th>中文</th><th>缩写</th></tr>
<tr><td colspan="2" rowspan="7">反应堆与保护控制系统</td><td>核仪表系统</td><td>RPN</td><td rowspan="7">仪表控制系统</td><td>反应堆保护和安全监视系统</td><td>PMS</td></tr>
<tr><td>堆芯测量系统</td><td>RIC</td><td>堆内仪表系统</td><td>IIS</td></tr>
<tr><td>反应堆控制系统</td><td>RRC</td><td>核电站控制系统</td><td>PLS</td></tr>
<tr><td>反应堆保护系统</td><td>RPR</td><td>多样化驱动系统</td><td>DAS</td></tr>
<tr><td></td><td></td><td>特殊监测系统</td><td>SMS</td></tr>
<tr><td></td><td></td><td>辐射监测系统</td><td>RMS</td></tr>
<tr><td></td><td></td><td>地震监测系统</td><td>SJS</td></tr>
<tr><td rowspan="14">二回路辅助系统</td><td rowspan="7">蒸汽系统</td><td>蒸汽转换器系统</td><td>STR</td><td></td><td></td><td></td></tr>
<tr><td>辅助蒸汽分配系统</td><td>SVA</td><td></td><td></td><td></td></tr>
<tr><td>汽轮机蒸汽和疏水系统</td><td>GPV</td><td rowspan="13">二回路汽水循环系统</td><td>加热器疏水和排气系统</td><td>HDS</td></tr>
<tr><td>主蒸汽系统</td><td>VVP</td><td>主蒸汽系统</td><td>MSS</td></tr>
<tr><td>汽轮机旁路排放系统</td><td>GCT</td><td>汽轮机旁路排放系统</td><td>TEB</td></tr>
<tr><td>汽水分离再热器系统</td><td>GSS</td><td>汽水分离再热器系统</td><td>SRS</td></tr>
<tr><td>凝结水抽取系统</td><td>CEX</td><td>凝结水系统</td><td>CDS</td></tr>
<tr><td rowspan="7">给水加热系统</td><td>低压给水加热器系统</td><td>ABP</td><td rowspan="3">汽轮机回热和除氧系统</td><td rowspan="3"></td></tr>
<tr><td>高压给水加热器系统</td><td>AHP</td></tr>
<tr><td>给水除氧器系统</td><td>ADG</td></tr>
<tr><td>汽动主给水泵系统</td><td>APP</td><td rowspan="4">主给水系统</td><td rowspan="4">FWS</td></tr>
<tr><td>电动主给水泵系统</td><td>APA</td></tr>
<tr><td>电动主给水泵润滑系统</td><td>AGM</td></tr>
<tr><td>主给水流量控制系统</td><td>ARE</td></tr>
<tr><td colspan="2" rowspan="9">汽轮机辅助系统</td><td>蒸汽发生器排污系统</td><td>APG</td><td>蒸汽发生器排污系统</td><td>BDS</td></tr>
<tr><td>汽轮机润滑顶轴盘车系统</td><td>GGR</td><td></td><td></td><td></td></tr>
<tr><td>汽轮机调节系统</td><td>GRE</td><td></td><td></td><td></td></tr>
<tr><td>汽轮机保护系统</td><td>GSE</td><td></td><td></td><td></td></tr>
<tr><td>汽轮机排气口喷淋系统</td><td>CAR</td><td></td><td></td><td></td></tr>
<tr><td>汽轮机轴封系统</td><td>CET</td><td rowspan="9">汽轮发电机辅助系统</td><td>汽轮机轴封系统</td><td>GSS</td></tr>
<tr><td>冷凝器真空系统</td><td>CVI</td><td>凝汽器抽真空系统</td><td>CMS</td></tr>
<tr><td>汽轮机调节油系统</td><td>GFR</td><td>汽轮机液压油系统</td><td>LHS</td></tr>
<tr><td>汽轮机润滑油处理系统</td><td>GTH</td><td>汽轮机发电机组润滑油系统</td><td>LOS</td></tr>
<tr><td colspan="2" rowspan="5">发电机辅助系统</td><td>发电机定子冷却水系统</td><td>GST</td><td>发电机定子冷却水系统</td><td>CGS</td></tr>
<tr><td>发电机密封油系统</td><td>GHE</td><td>发电机密封油系统</td><td>HSS</td></tr>
<tr><td>发电机氢气供应系统</td><td>GRV</td><td rowspan="2">发电机氢气和二氧化碳系统</td><td rowspan="2">HCS</td></tr>
<tr><td>发电机氢气冷却系统</td><td>GRH</td></tr>
<tr><td>励磁和电压调节系统</td><td>GEX</td><td>励磁和电压调节系统</td><td>ZVS</td></tr>
</table>

附表1(续)

M310			AP1000		
归类	中文	缩写	归类	中文	缩写
其他辅助系统	DCS 控制系统		其他辅助系统	三代仪控系统	
	核岛通风空调系统			加热通风及空调系统	HVAC
	常规岛冷却水系统			常规岛辅助系统	
	输配电系统			开关站和场外电力系统	ZBS
	厂用电系统			厂内电源系统	
	除盐水分配系统			BOP 系统	
	压缩空气分配系统			压缩空气和核电站气体系统	

附录 2　课程思政内涵释义表

附表 2　课程思政内涵释义表

序号	课程思政元素	具体解释
1	遵纪守法、依法依规的人生观	核电站在建设和运行等过程中涉及很多法律法规问题，为保证安全，必须严格按照法律法规执行。工作生活中也要养成遵纪守法、依法依规的人生观
2	重视基础的意识	运行模式是核电站运行的基础，了解基础知识才能更好地掌握专业知识。基础知识对科学研究及其发展起到关键的作用
3	工匠精神	辅助功能的设计不仅可以提高核电站的经济效益，还可以提供冗余安全保障。在工程设计时，要注意系统的每一个细节，才能设计出最完善的辅助功能，最大化核电站的经济效益，培养工程意识的同时，厚植精益求精的工匠精神
4	厚积薄发的人生观	运行调试是核电站商业运行前最重要的前期准备工作，运行调试的结果决定了核电站能否安全稳定运行，运行调试是一个复杂的、长期的过程，需要耐心地一步一步完成所有项目。正所谓厚积而薄发，只有准备充分才能办好事情，这种人生观是积极的、有益的
5	因地制宜、对症下药的人生观	利用仿真机模拟运行时，任何试验的第一步都是选择初态，初态的选择决定了试验是否能顺利完成。不同的试验，初态也不相同，需要认真校准初态的状态，核对运行参数是否符合要求，根据当前的实际情况，正确选择合适的方法和路径是决定成败的关键。因此要培养因地制宜、对症下药的人生观
6	互帮互助、共同发展的人生观	联合加热法的重点是将 RCP 压力和温度控制在 *P-T* 图规定范围内，这个过程中压力和温度要协调上升，两者相辅相成，两者只有配合好才能完成试验。生活工作中也要保持这种互帮互助、共同发展的人生观

附表2(续)

序号	课程思政元素	具体解释
7	稳扎稳打、谨防功利心影响的意识	稳压器建汽腔是核电站启动过程中非常重要的步骤之一，只有建立汽腔，稳压器才能实现稳压功能。此操作需要长期的调整，操作过程中一定要稳扎稳打、循序渐进，切忌大幅度操作。在生活工作中也要如此，谨防功利心影响
8	认真仔细、不马虎大意的人生观	汽轮机同步的重要操作之一是需要按照规程顺序执行投入操作，不可大意，操作时要确保每个按钮均已完成操作再继续下一步，如果有一个操作没有执行，就会造成试验的失败。因此，要建立认真仔细、不可马虎大意的人生观
9	底线意识	为保护安全屏障的完整性，运行参数必须运行在阈值内，运行参数需规定运行限值、整定值、安全限值，一旦超出限值就会有各种风险，保护系统的作用是根据不同情况保证参数运行在各种限值内。在生活工作中也要具有底线意识，做人做事不能超出底线
10	我国社会的主要矛盾和矛盾的主要方面	主要功能是相对辅助功能和其他功能而言的，主要意味着重要，但辅助也很重要，需要正确看待主要和次要之间的辩证关系
11	社会主义核心价值观	辅助功能也很重要，应加以重视，如果辅助功能无法实现也会严重影响核电站的安全稳定运行。在以后工作岗位中也要认真对待“小任务小工作”，不能图大厌小，要建立爱岗敬业的价值观
12	总体国家安全观	核电站的特殊性在于其产生的放射性核素对环境及公众存在潜在的危险，因此，在核电站的设计过程中，时刻都要以安全为前提；在核电站的运行过程中，安全更是重中之重。核安全也是当前全球十分关注的问题，要加强加深核安全意识。核安全属于总体国家安全观的一部分
13	居安思危、有备无患	备用状态是很多系统的常规状态，尤其是保证安全的系统，备用系统在正常运行期间是不投入运行的，虽然是备用状态，也要给予足够的重视，居安思危、有备无患，才能保证安全
14	现代化建设的建设目标	核电站运行的不同阶段都有其特定的目标和任务，但最终目的是使核电站安全稳定地运行，因此要根据不同情况来制定不同的策略
15	绿水青山就是金山银山	安全壳是核电站的最后一道安全屏障，为了屏蔽放射性，安全壳的设计标准很高。核电站的建设一定要把放射性屏蔽放在首位，以免对环境造成危害，绿水青山就是金山银山
16	可持续发展理念	通道的设置，是为了保证可以根据需求持续地对堆芯功率进行测量。可持续对核电站很重要，系统要可持续地运行，仪表要可持续地监测。所以可持续很重要，我国很早就提出了可持续发展的理念，这个理念对科技、生态、经济、社会等领域的发展都很重要

附表2(续)

序号	课程思政元素	具体解释
17	培养建立具有包容性的世界观	核工程是一个包容性很强的学科，涉及物理、化学、热工、水力、材料、机械、自动控制、计算机科学等多方面的知识，包容性是复杂科学问题的特性。生活工作中遇见的问题也一样，任何问题都不是单一因素造成的，想要解决实际问题要多方面综合考虑，不要过于简单地看待问题。因此要建立具有包容性的世界观，这样才能从容面对各种问题，才能从根源解决问题
18	系统工程思想	系统是由众多管线组成的，每类管线又由众多设备和阀门组成。在实际问题中，既要考虑整体，也要重视局部，系统工程论的理念对系统的设计及安全起到重要的作用。所谓系统工程，就是为了实现系统的功能，对系统的组成要素、组织结构、信息流、控制机构等进行分析研究的科学方法。系统工程思想也体现在工程系统工程、社会系统工程等工程管理过程中
19	用辩证唯物主义思维思考和解决问题	温度和压力的控制，是核电站启动和停闭过程中非常重要的操作，两者之间的协调操作决定了试验的成败，温度和压力的调节存在辩证关系，两者之间相互影响、相互促进。辩证唯物主义思维对分析问题、解决问题有很大的帮助
20	团队合作意识和集体荣誉感	试验以分组形式展开，通过成员间的合作完成相关操作，在完成试验项目、理解专业知识的同时培养团队合作意识和集体荣誉感
21	培养、建立责任感和使命感	由于功率变化范围巨大，必须使用多种仪表进行功率测量，不同仪表各司其职，共同实现功率的全范围测量。如同生活和工作中，个体的责任和任务也有其特殊性，因此应该具备基本的责任感和使命感，以实现个人价值和奋斗目标
22	培养大局观	核电站的各个系统并不是独立存在的，一个系统会和多个系统相连，这样既可以保证系统自身的安全，也可以保证其他系统的安全。所以在设计系统的时候，一定要从整体考虑问题，不能只考虑局部，要具备大局观。这种大局观对生活和工作都是有益的
23	多样性的意义	核电站在设计过程中需要依据的原则之一是多样性原则，设备的多样性设计对核电站安全十分重要。多样性涉及众多领域，常见的有生物多样性、文明多样性等
24	主次之间的辩证关系	主要功能是系统优先保障的功能，辅助功能是次要保障的功能，主次要分明，但次要功能也要得到充分的保障。规划设计时，对主、辅功能都要认真对待。要学会用辩证思维去分析主次之间的关系
25	辩证唯物主义的世界观	核电站启动和停闭是相反的过程，但在操作上又有很多共通之处，从辩证思想来看，两者的关系既对立又统一。现实世界中很多事物都存在这种关系，因此在学习启动和停闭操作的过程中，也要学会用辩证的思维去理解和处理遇到的事情，要建立辩证唯物主义的世界观
26	科技是第一生产力	核电技术发展至今经历过繁荣也经历过衰败，最终决定核技术能否生存的关键因素是技术的先进性，取决于核技术能否与时俱进，能否满足社会发展的需求，因为“科学技术是第一生产力”。该理念源于马克思主义基本原理的一部分，即“科学技术是生产力”

附表2(续)

序号	课程思政元素	具体解释
27	量变到质变的规律	对安全壳内氢气浓度的监测很重要，切尔诺贝利核事故和福岛核事故都是氢气浓度过高引起爆炸使得放射性物质大量释放导致的十分严重核事故。从另一个角度说，“量”对于任何事物都是很重要的，从量变到质变的规律值得深入地了解和探讨
28	开拓创新精神	不同类型的核电技术在系统设置上有很大区别，各自研发的思路有共同之处，但更多的是差异。在科技发展的道路上，创新很重要，在平时应注意培养开拓创新精神
29	工程创新能力	升负荷运行可以发挥学生的自主创新能力，在仿真机上可以设置多种速率并加以控制，高速率下需要特别注意温度、压力和水位的控制，理解专业知识的同时培养动手能力，在试验过程中培养工程创新能力
30	辐射防护标准	辐射监测对核电站是非常重要的，不同场所不同人群可接受的辐射剂量水平也是不一样的，因此需要了解相关的辐射监测法规及辐射防护标准。 辐射防护标准可参考：职业照射，在每天 8 h 工作期间内，任意连续 6 min 按全身平均的比吸收率(SAR)小于 0.1 W/kg；公众照射，在一天 24 h 内，任意连续 6 min 按全身平均的比吸收率(SAR)应小于 0.02 W/kg。 为防止发生确定性效应，放射工作人员的当量剂量限值是眼晶状体 150 mSv/a，其他组织 500 mSv/a；为限制随机性效应的发生概率，而达到可接受水平，放射工作人员全身照射的当量剂量限值是 20 mSv/a

参考文献

[1] 朱继洲.压水堆核电厂的运行[M].2 版.北京:原子能出版社,2008.

[2] 单建强.压水堆核电厂调试与运行[M].北京:中国电力出版社,2008.

[3] 广东核电培训中心.900 MW 压水堆核电站系统与设备[M].北京:原子能出版社,2005.

[4] 郑福裕,邵向业,丁云峰.压水堆核电厂运行[M].北京:原子能出版社,1998.

[5] 臧希年,申世飞.核电厂系统及设备[M].北京:清华大学出版社,2003.

[6] 林诚格.非能动安全先进核电厂 AP1000[M].北京:原子能出版社,2008.

[7] 缪亚民.AP1000 核电厂核岛系统初级运行[M].北京:中国原子能出版传媒有限公司,2011.

[8] 顾军.AP1000 核电厂系统与设备[M].北京:原子能出版社,2010.

[9] 孙中宁.核动力设备[M].2 版.哈尔滨:哈尔滨工程大学出版社,2017.

[10] 濮继龙.压水堆核电厂安全与事故对策[M].北京:原子能出版社,1995.

[11] 董洪亮.习近平就高校党建工作作出重要指示:坚持立德树人思想引领 加强改进高校党建工作[N].人民日报,2014-12-30(1).

[12] 张烁.习近平:把思想政治工作贯穿教育教学全过程 开创我国高等教育事业发展新局面[N].人民日报,2016-12-09(1).

[13] 王亚洲,张永贵,吴沁,等.《机械制造基础》课程思政的设计[J].教育现代化,2019(56):203-204.

[14] 张艳梅.地方高校课程思政建设存在的问题及应对策略[J].西部素质教育,2019,5(14):37-38.

[15] 吕村.应用型高校专业课程与思政课同向融合研究[J].河南牧业经济学院学报,2018,31(6):72-75.

[16] 邱叶."新工科"背景下应用型地方高校工程人才课程思政育人模式研究[J].改革与开放,2019(3):92-96.